JN158845

非可換環

谷崎俊之

岩波書店

まえがき

可換環論と言って頭に思い描くものは，恐らく人によってそんなに差はないのではないかと思うが，非可換環と言われて何を思うかは人によってさまざまなのではなかろうか．半単純環や群環の理論を考える人もいるであろうし，また Frobenius 多元環等に関する伝統的な多元環論を思う人もいるであろう．

本書の執筆にあたって著者が考えたのは，必ずしも伝統的なあり方にとらわれない，新しいスタイルの非可換環論を書いてみたいということであった．自分にとって馴染みのある非可換環というと，Lie 代数の包絡代数やその仲間である量子群などがあるが，これらについて書いたのでは非可換環論ではなく Lie 代数の理論になってしまう．そこで思い浮かんだのが，この書物の主題となった，フィルター環の理論であった．

そこでは，包絡代数や微分作用素環のような重要な非可換環の性質を抽出して得られる，フィルター環と呼ばれるクラスの非可換環に対して，応用上も重要な興味深い諸結果が，非可換環の局所化・ホモロジー代数・可換環論といった普遍性のある手法を縦横に用いて導かれる．この理論は，非可換環論内部の問題意識から発展したものではなく，むしろ，包絡代数や D 加群の研究者が必要にせまられて構築したものであり，その意味で非可換環論の本流(?)からは外れているかもしれないが，理論の新しい発展は往々にして外部からの刺激によってもたらされることが多いのも事実であり，ひとつの新しい流れを 1 冊にまとめるのも意味のあることではないかと考えた次第である．

以上「まえがき」というよりは弁解に終始したが，本書の目的は，非可換環を題材にして，ホモロジー代数のような現代数学の基本的手法が見事に応用されるさまを描くことであり，それを眺めて楽しんでいただければ幸いである.

本書の執筆にあたって，柏原正樹氏，都築暢夫氏，森田良幸氏，竹内潔氏，小清水寛氏から貴重なご意見をいただいた．特に竹内氏は，全章を通読して多くの間違いを指摘された．これらの諸氏に感謝する．

1998年3月

谷崎俊之

本書は，岩波講座『現代数学の基礎』の分冊「環と体3——非可換環論」(1998年刊)を単行本としたものである．単行本化に際して，永友清和氏より教えていただいた誤植を数ヵ所訂正した．同氏に感謝する．

理論の概要と目標

$\mathbb{C}^n$ 上の多項式係数の線形微分作用素の全体を $A_n(\mathbb{C})$ で表す．すなわち，$I=(i_1,\cdots,i_n)\in\mathbb{N}^n$ に対して，

$$\partial^I=\left(\frac{\partial}{\partial x_1}\right)^{i_1}\cdots\left(\frac{\partial}{\partial x_n}\right)^{i_n}$$

とおくとき，

$$A_n(\mathbb{C})=\left\{\sum_{I\in\mathbb{N}^n} f_I\partial^I\ (\text{有限和})\ \middle|\ f_I\in\mathbb{C}[x_1,\cdots,x_n]\right\}$$

とする．$A_n(\mathbb{C})$ は，作用素の合成を乗法として，自然に $\mathbb{C}$ 代数になる．これを Weyl 代数と呼ぶ．係数を多項式から正則関数に拡げて解析的微分作用素を考えたり，また $\mathbb{C}^n$ の代わりに一般の複素多様体を考えることにより，いろいろな種類の微分作用素環が得られるが，このような微分作用素環上の加群の理論(通常 D 加群の理論と呼ぶことが多い)は，言い換えると線形微分方程式の代数的理論のことであり(参考文献[12]中の「佐藤幹夫の数学」を参照)，代数解析学の中心的テーマである．

以下もっとも典型的な微分作用素環である Weyl 代数を例にとって話を進める．$I=(i_1,\cdots,i_n)\in\mathbb{N}^n$ に対して，

$$|I|=i_1+\cdots+i_n$$

とし，$p\in\mathbb{N}$ に対して $F_p\subset A_n(\mathbb{C})$ を

$$F_p=\left\{\sum_{|I|\leqq p} f_I\partial^I\ (\text{有限和})\ \middle|\ f_I\in\mathbb{C}[x_1,\cdots,x_n]\right\}$$

で定めるとき，$A=A_n(\mathbb{C})$ に対して，以下の条件が成り立つ：

(i) $1\in F_0$,

(ii) $F_p\subset F_{p+1}$,

(iii) $F_pF_q\subset F_{p+q}$,

（iv） $A = \bigcup_{p\in\mathbb{N}} F_p$.

より一般に環 A とその部分加法群の族 $F=\{F_p\}_{p\in\mathbb{N}}$ であって上の条件(i), (ii), (iii), (iv)をみたすものが与えられたとき，F を A のフィルターといい，組 (A,F) をフィルター環と呼ぶ．$\sigma_p\colon F_p \to F_p/F_{p-1}$ を自然な準同型写像とすると，

$$\operatorname{gr} A = \bigoplus_{p=0}^{\infty} F_p/F_{p-1} \qquad (F_{-1}=0)$$

上の積が

$$\sigma_p(a)\sigma_q(b) = \sigma_{p+q}(ab) \qquad (a\in F_p,\ b\in F_q)$$

により矛盾なく定まり，これにより $\operatorname{gr} A$ は環になる．

一般に環 A のブラケット積を

$$[\ ,\ ]\colon A\times A \to A \qquad ([a,b]=ab-ba)$$

により定める．フィルター環 (A,F) においてさらに

（v） $[F_p, F_q] \subset F_{p+q-1}$

が成立するとき，(A,F) を擬可換なフィルター環と呼ぶ．この条件は $\operatorname{gr} A$ が可換環になることと同値である．

Weyl代数 $A_n(\mathbb{C})$ は擬可換なフィルター環で，

$$x_i \in F_0 = F_0/F_{-1} \subset \operatorname{gr} A_n(\mathbb{C}), \qquad \xi_i = \sigma_1(\partial/\partial x_i) \in F_1/F_0 \subset \operatorname{gr} A_n(\mathbb{C})$$

に関して，$\operatorname{gr} A_n(\mathbb{C})$ は $2n$ 変数の多項式環 $\mathbb{C}[x_1,\cdots,x_n,\xi_1,\cdots,\xi_n]$ に一致する．$\mathbb{C}^n$ の座標変換に応じて $\xi_1,\cdots,\xi_n$ がどのように変換されるかを考えると，$(x_1,\cdots,x_n,\xi_1,\cdots,\xi_n)$ は $X=\mathbb{C}^n$ の余接束(cotangent bundle) T^*X の座標とみなすのが自然であることがわかる．すなわち $\operatorname{gr} A_n(\mathbb{C})$ は，$Y=T^*X$ 上の多項式関数のなす可換環と自然に同一視できる．

フィルター環の他の例としては，有限次元Lie代数 $\mathfrak{g}$ の包絡代数 $U(\mathfrak{g})$ がある．この場合も次数による自然なフィルター F に関して $(U(\mathfrak{g}),F)$ はフィルター環で $\operatorname{gr} U(\mathfrak{g})$ は対称代数 $S(\mathfrak{g})$ と自然に同型である(Poincaré–Birkhoff–Wittの定理)．言い換えると，$\operatorname{gr} U(\mathfrak{g})$ は，$\mathfrak{g}$ の双対空間 $Y=\mathfrak{g}^*$ 上の多項式関数のなす可換環と自然に同一視できる．

以下，(A,F) を擬可換なフィルター環で，$\operatorname{gr} A$ が Noether 環になっているようなものとする．A 加群 M の部分加法群の族 $F=\{F_pM \mid p\in\mathbb{Z}\}$ であって，

(i) $F_pM\subset F_{p+1}M$,

(ii) 十分大きな p に対して，$F_{-p}M=0$,

(iii) $F_p(F_qM)\subset F_{p+q}M$,

(iv) $M=\bigcup_{p\in\mathbb{Z}} F_pM$

をみたすものが与えられたとき，F を M のフィルターという．このとき，

$$\operatorname{gr}^F M=\bigoplus_{p\in\mathbb{Z}} F_pM/F_{p-1}M$$

は自然に $\operatorname{gr} A$ 加群になる．M が有限生成 A 加群ならば，そのフィルター F であって $\operatorname{gr}^F M$ が有限生成 $\operatorname{gr} A$ 加群になるようなものが存在する．このとき F は M のよいフィルターであるという．有限生成 A 加群 M のよいフィルター F に関して，$\operatorname{gr} A$ のイデアル

$$\operatorname{Ann}_{\operatorname{gr} A}\operatorname{gr}^F M=\{a\in\operatorname{gr} A \mid a\operatorname{gr}^F M=0\},\qquad J_M=\sqrt{\operatorname{Ann}_{\operatorname{gr} A}\operatorname{gr}^F M}$$

を考えるとき，J_M はよいフィルター F の選び方によらないことがわかる．これを M の特性イデアルと呼ぶ．特性イデアルは有限生成 A 加群の重要な不変量である．$\operatorname{gr} A$ を代数多様体 Y 上の関数のなす環と思うときには($A=A_n(\mathbb{C})$ ならば $Y=T^*\mathbb{C}^n$，$A=U(\mathfrak{g})$ ならば $Y=\mathfrak{g}^*$)，M の特性イデアル J_M を考えることと，対応する Y の閉集合

$$\operatorname{Ch}(M)=\{z\in Y \mid f(z)=0\ (f\in J_M)\}$$

(M の特性多様体と呼ぶ)を考えることは同じことであり，代数幾何の言葉になれている読者にとってはこちらの方が分かりやすいであろう．

本書の最終目標は，特性イデアル(あるいは特性多様体)に関する二つの基本定理(包合性定理と純次元性定理)を証明することである．

まず包合性定理の説明をしよう．$\operatorname{gr} A$ 上の Poisson 積が

$$\{\ ,\ \}:\ \operatorname{gr} A\times\operatorname{gr} A\to\operatorname{gr} A\qquad (\{\sigma_p(a),\sigma_q(b)\}=\sigma_{p+q-1}([a,b]))$$

により矛盾なく定まる．$\operatorname{gr} A$ のイデアル I が $\{I,I\}\subset I$ をみたすとき，I は

包合的(involutive)であるという．もしも A が有理数体 $\mathbb{Q}$ を部分環として含むならば，任意の有限生成 A 加群 M に対して J_M が包合的である，というのが包合性定理である．$\mathrm{Ann}_{\mathrm{gr}\,A}\,\mathrm{gr}^F M$ が包合的であることは容易に確かめることができるので一見やさしそうにみえるが，I が包合的だからといって $\sqrt{I}$ が包合的になるわけではないので，話はそう簡単ではない．

A が Weyl 代数のような微分作用素環のときには，Y は余接束 T^*X と同一視されるが，この場合に包合性定理を特性多様体 $\mathrm{Ch}(M)$ の言葉で言い換えると，$\mathrm{Ch}(M)$ の一般の点 z における $\mathrm{Ch}(M)$ の接空間 W は，T^*X の自然なシンプレクティック構造に関して，

$$W^\perp \subset W$$

をみたす，ということになる．ただし $T_z(T^*X)$ 上のシンプレクティック内積を $\langle\ ,\ \rangle$ とするとき，

$$W^\perp = \{u \in T_z(T^*X) \mid \langle u, W\rangle = 0\}$$

である．微分作用素環に対するこの事実は，佐藤幹夫・河合隆裕・柏原正樹[8]によるが，その証明は解析的なものであった．上に述べたようなより一般のフィルター環に対する包合性定理とその純代数的証明は，O. Gabber [7]による．本書ではこの Gabber による証明を述べることにする．

次に純次元性定理について説明しよう．$\mathrm{gr}\,A$ が純次元 n の正則環であるとする(すなわち Y は任意の連結成分の次元が n であるような，特異点を持たない代数多様体であるとする)．このとき既約な A 加群 M の特性多様体 $\mathrm{Ch}(M)$ の既約成分はすべて同じ次元を持つ，というのがここで言う純次元性定理である．有限次元 Lie 代数 $\mathfrak{g}$ の包絡代数 $U(\mathfrak{g})$ の任意の原始イデアル I に対して $U(\mathfrak{g})/I$ の特性多様体は既約な代数多様体であろう，という有名な予想があり，1985 年頃 Borho–Brylinski, Joseph らによって肯定的に解決されたが，その証明の最終段階で上に述べた純次元性定理がひとつの重要な役割を果たした．この定理は通常 Gabber の純次元性定理と呼ばれることが多い．Gabber 自身はこの結果を論文等の形では発表していないが，パリ大学における Gabber の講義に基づいた証明が，Björk [9]に与えられており，本書でもそれと同じ証明を述べる．ただしその論法のほとんどの部分は，実

質的には柏原の修士論文[10]で(微分作用素環に対して)既に与えられているものである．また純次元性定理自体も柏原の修士論文に述べられている結果からただちに導かれる．柏原がこの形で定理を定式化しなかったのは，微分作用素環の場合には，純次元性定理自体があまり意味がなさそうに見えたからではないかと思われる．そこで，本書ではこれを柏原-Gabber の純次元性定理と呼ぶことにする．

さて，本書の最終目標は上に述べた二つの定理を中心とするフィルター環の理論であるが，そこに至るまでにはいくつか準備が必要である．

第1章では，本書における用語の確認も込めて，非可換環論に関する基本的な事項について述べる．Lie 代数の包絡代数や量子群のように，生成元と基本関係を用いて定義される重要な非可換環が，最近注目を集めているが，生成元と基本関係というようなごく当たり前のことがなかなか呑み込めない学生諸君もいるようなので，あえてこれを一つの節にまとめてみた．テンソル積については既によくご存じの読者も多いであろうが，可換環上のテンソル積しか学んだことのない読者は，微妙な相違を確認しておかれる必要があるであろう．非可換環の局所化の理論は，さほどスタンダードではないかもしれないが，後に包合性定理の証明で重要な役割を果たすことになる．

第2章ではホモロジー代数の一般論を展開する．ホモロジー代数のもっとも徹底した一般論のあり方は，Abel 圏の間の左(または右)完全関手から定まる，複体の圏(導来圏)の間の関手に関する理論，ということになるであろう．ただし本書では，抽象化に伴う読者の心理的負担の増大を避けるために，導来圏の言葉を導入することは断念した(その方がむしろ話は単純になるのだが)．また圏の言葉を導入することは避けて，話を環上の加群の圏の間の関手に限ることにする．ただし，なるべく一般性を失わないように記述には配慮したので，圏論の言葉をご存じの読者は，一般の Abel 圏の間の関手に対してもまったく同様のことが成り立つことを確認しながら，読み進めることができるであろう．スペクトル系列の理論まできちんと書いたので，随分ページ数を使ってしまったが，第3章の純次元性定理の証明ではホモロジー代数，特にいろいろなスペクトル系列が必要不可欠な役割を果たす．

第3章が本書の主題である，フィルター環上のフィルター加群の理論である．Weyl代数とLie代数の包絡代数についての解説，およびフィルターに関する一般論の後，可換環論からの準備を行う．フィルターを用いて非可換環の可換環近似を考え，可換環論(あるいは代数幾何)を縦横に用いることにより非可換環の情報を引き出すというのが，フィルター環の理論におけるひとつの基本的考え方であり，可換代数を避けて通るわけにはいかないのである．なるべくself-containedになるように努めたが，正則局所環に関する基本事項は既に堀田[5]にも含まれていることなので，重複を避けて引用にとどめた．

以上の準備のもとで，はじめに述べた包合性定理・純次元性定理およびそれらの幾何学的意味の記述が与えられる．

最後に本書で断りなしに用いる記号の説明を行っておこう．$\mathbb{N}\subset\mathbb{Z}\subset\mathbb{Q}\subset\mathbb{C}$はそれぞれ，自然数，整数，有理数，複素数の全体のなす集合とする．ただし，自然数には0を含めて，$\mathbb{N}=\{0,1,2,\cdots\}$とする．また包含関係の記号$\subset$および$\supset$は等号$=$も含む意味に用いる．

目　　次

1 非可換環の一般論から

この章では，環の定義から始めて，イデアル・加群・テンソル積・局所化等の，非可換環に関するごく基本的なことについて述べる．可換環のときとまったく同様の議論が成立する部分も多いが，微妙な相違がある場合もあるので，やや注意が必要である．特に，非可換環の場合の局所化は(それと場合によってはテンソル積も)通常の代数のコースでとりあげることは少ないので，はじめて学ぶ読者は，可換環の場合との差異に注意されたい．

なお，これらについて既によく知っている読者も多いであろうが，その場合には，この章は必要に応じて用語・知識の確認をするためのメモとして用いればよいであろう．

§1.1 環とイデアル

この本では一般に非可換な代数系を扱うので，環の定義に乗法の可換性を含めないことにする．念のために，この本における環の定義を述べておこう．

定義 1.1 集合 A が 2 種類の 2 項演算 $a+b$ (加法) と ab (乗法) をもち $(a, b \in A)$，次をみたすとき**環**(ring)という：

(i) A は加法群である．すなわち

(1) $a+b = b+a$.

(2)　$(a+b)+c = a+(b+c)$.

(3)　A の元 0 であって，任意の $a \in A$ に対して $a+0=a$ をみたすものが存在する.

(4)　任意の $a \in A$ に対して，$a+(-a)=0$ をみたす $-a \in A$ が存在する.

(ii)　A は乗法に関して単位元を持つ半群である．すなわち

(1)　$(ab)c = a(bc)$.

(2)　A の元 1 であって，任意の $a \in A$ に対して $a1=1a=a$ をみたすものが存在する.

(iii)　分配法則が成立する: $a(b+c) = ab+ac,\quad (a+b)c = ac+bc.$　□

さらに，乗法の可換性: $ab = ba$ が成立しているときには，A を**可換環**(commutative ring)という.

環 A の部分集合 B が次の条件:

$$a \in B \Longrightarrow -a \in B, \qquad a,b \in B \Longrightarrow a+b,\ ab \in B, \qquad 1 \in B$$

をみたすとき，B を環 A の**部分環**(subring)という．部分環はそれ自身環になる．例えば，環 A の**中心**(center)

$$Z(A) = \{a \in A \mid 任意の\ b \in A\ に対して\ ab = ba\}$$

は A の部分環である.

例 1.2　K を体とするとき，K の元を成分とする n 次正方行列の全体 $M_n(K)$ は，行列の積を乗法にもつ環になる(行列環).　□

例 1.3　G を有限群，K を体とする．G の元を基底とする K 上のベクトル空間

$$K[G] = \left\{ \sum_{g \in G} a_g g \;\middle|\; a_g \in K \right\}$$

は，群の積から導かれる自然な乗法

$$\left(\sum_{g \in G} a_g g\right)\left(\sum_{g \in G} b_g g\right) = \sum_{g \in G}\left(\sum_{hk=g} a_h b_k\right) g$$

に関して環になる(群環).　□

上の2つの例では体 K がその中心に含まれているが，一般に，環 A であって体 K をその中心の部分環として含むもののことを，**K 代数**(K-algebra)

という．言い換えると，K 代数とは，K 上のベクトル空間 A であって，K 上双線形な乗法 $A\times A\to A$ $((a,b)\mapsto ab)$ が与えられていて，結合法則: $(ab)c=a(bc)$ が成立し，単位元 1 $(a1=1a=a)$ を含むもののことに他ならない．K 代数 A の部分環であって，K を含むもののことを，A の**部分 $\boldsymbol{K}$ 代数**(K-subalgebra)という．

行列環 $M_n(K)$ や群環 $K[G]$ は有限次元の K 代数であるが，次の例に述べるような無限次元の K 代数も重要である．

例 1.4　多項式係数の微分作用素の全体

$$D=\left\{\sum_{n=0}^{\infty}f_n\partial^n\ (\text{有限和})\ \middle|\ n\geqq 0,\ f_n\in K[x]\right\}\qquad\left(\partial=\frac{d}{dx}\right)$$

は，作用素の合成を乗法とする無限次元の K 代数になる．$f\in K[x]$ は，D の元としては $g\mapsto fg$ で定まる作用素なので，積の微分の公式により，D 中で

$$\partial f=f\partial+\partial(f)\qquad(f\in K[x]).$$

ここで，$\partial(f)$ は f の微分 $\dfrac{df}{dx}$ をあらわす．よって帰納法により，

$$\partial^n f=\sum_{k=0}^{n}\binom{n}{k}\partial^k(f)\partial^{n-k}.$$

ただし $n,\,k\in\mathbb{Z},\ k\geqq 0$ に対して

$$\binom{n}{k}=\frac{n(n-1)\cdots(n-k+1)}{k(k-1)\cdots 1}$$

とする．したがって

$$\left(\sum_n f_n\partial^n\right)\left(\sum_n g_n\partial^n\right)=\sum_n\left(\sum_{n-m+k\geqq 0}\binom{m}{k}f_m\partial^k(g_{n-m+k})\right)\partial^n.$$

□

例 1.5　D を含む環 E を以下のように定める．∂ の負ベキを許す形式的無限和 $\sum_{n\in\mathbb{Z}}f_n\partial^n$ $(f_n\in K[x])$ であって，ある $N\in\mathbb{Z}$ に対して，$f_n=0$ $(n\geqq N)$ となるものの全体を E とする．D 上の加法および乗法を形式的に E まで拡張して，

$$\left(\sum_n f_n\partial^n\right)+\left(\sum_n g_n\partial^n\right)=\sum_n(f_n+g_n)\partial^n,$$

$$\left(\sum_n f_n\partial^n\right)\left(\sum_n g_n\partial^n\right) = \sum_n \left(\sum_{k\geqq 0, m}\binom{m}{k} f_m\partial^k(g_{n-m+k})\right)\partial^n$$

とすると，これは矛盾なく定まり，この演算により，E は K 代数になることがわかる(読者は各自チェックせよ)．この E を形式的擬微分作用素環と呼ぶ．□

定義 1.6　I を環 A の加法に関する部分群とする．すなわち，

$$a\in I \Longrightarrow -a\in I, \qquad a,b\in I \Longrightarrow a+b\in I.$$

I は，$AI\subset I$ が成り立つとき環 A の**左イデアル**(left ideal)，$IA\subset I$ が成り立つとき環 A の**右イデアル**(right ideal)，$AI\subset I$ と $IA\subset I$ の両方が成り立つとき環 A の**イデアル**(ideal)，あるいは**両側イデアル**(two-sided ideal)と呼ばれる．□

$-1\in A$ なので，A の部分集合 I に関して $AI\subset I$ または $IA\subset I$ ならば，$a\in I\Longrightarrow -a\in I$ が従う．よって上の定義における条件 $a\in I\Longrightarrow -a\in I$ は，実際には他の仮定から導かれる．

S を環 A の部分集合とするとき，S を含む最小の左イデアル I が $I=\sum_{a\in S} Aa$ により定まる．これを S により生成される左イデアルと呼ぶ．また S は左イデアル I の生成系であるという．同様に，$I=\sum_{a\in S} aA$ を S により生成される右イデアル，また $I=\sum_{a\in S} AaA$ を S により生成されるイデアルという．左イデアル(右イデアル，イデアル) I が有限個の元からなる生成系をもつとき，左イデアル(右イデアル，イデアル) I は有限生成であるという．

環 A であって，その任意の左イデアル(右イデアル)が有限生成になるようなもののことを，**左 Noether 環**(left Noetherian ring)(**右 Noether 環**(right Noetherian ring))と呼ぶ．また左 Noether 環でかつ右 Noether 環になっているものを，**Noether 環**(Noetherian ring)と呼ぶ．

可換環の場合とまったく同様にして，環 A のイデアル I に対して**剰余環**(factor ring) A/I が定まる：

(i)　$A/I = \{\overline{a}\mid a\in A\}$,　　$\overline{a}=\overline{b}\Longleftrightarrow a-b\in I$.

(ii)　$\overline{a}+\overline{b}=\overline{a+b}$.

(iii)　$\overline{a}\overline{b}=\overline{ab}$.

A が K 代数ならば A/I も K 代数になる.

定義 1.7　2 つの環 A, B の間の写像 $f\colon A \to B$ が以下の条件をみたすとき, f を環の**準同型写像**(homomorphism)という:

(i)　$f(a+b) = f(a)+f(b)$.

(ii)　$f(ab) = f(a)f(b)$.

(iii)　$f(1) = 1$.

また, A, B が K 代数でさらに f が K 上の線形写像のとき, f は K 代数の**準同型写像**(homomorphism)であるという.　□

全単射な準同型写像のことを**同型写像**(isomorphism)という. 2 つの環(K 代数) A, B の間に同型写像 $f\colon A \to B$ が存在するとき, A と B は同型であるといい, $A \simeq B$ と書く. $f\colon A \to B$ を環の準同型写像とすると, f の核

$$\operatorname{Ker} f = \{a \in A \mid f(a) = 0\}$$

は環 A のイデアルになる. より一般に, I を B のイデアル(左イデアル, 右イデアル)とすると, $f^{-1}(I)$ は A のイデアル(左イデアル, 右イデアル)になる. また f の像

$$\operatorname{Im} f = \{f(a) \mid a \in A\}$$

は B の部分環になる. A, B が K 代数で, f が K 代数の準同型写像ならば $\operatorname{Im} f$ は A の部分 K 代数になる.

群や可換環の場合とまったく同様に, 以下の同型定理が成立する.

定理 1.8

(i)　$f\colon A \to B$ を環(K 代数)の準同型とすると,

$$A/\operatorname{Ker} f \simeq \operatorname{Im} f.$$

より一般に, I を B のイデアルとするとき,

$$A/f^{-1}(I) \simeq \operatorname{Im} f/(\operatorname{Im} f \cap I).$$

(ii)　A を環(K 代数) B の部分環(部分 K 代数), I を B のイデアルとするとき,

$$A/(A \cap I) \simeq (A+I)/I.$$

□

§1.2　環上の加群

環上の加群の定義を復習する.

定義 1.9　A を環, M を加法群とする. 写像 $A\times M\to M$ $((a,m)\mapsto am)$ $(M\times A\to M$ $((m,a)\mapsto ma))$が与えられていて, 以下の条件がみたされているとき, M を**左 A 加群**(left A-module)(**右 A 加群**(right A-module))という:

(i)　$a(m+n) = am+an$　　$((m+n)a=ma+na)$.

(ii)　$(a+b)m = am+bm$　　$(m(a+b)=ma+mb)$.

(iii)　$(ab)m = a(bm)$　　$(m(ab)=(ma)b)$.

(iv)　$1m = m$　　$(m1=m)$.

また, A, B が環で, M に左 A 加群の構造と右 B 加群の構造が両方与えられており, $(am)b=a(mb)$ が成立しているとき, M を**両側 (A,B) 加群**((A,B)-bimodule)と呼ぶ. □

左 A 加群(右 A 加群, 両側 (A,B) 加群) M の加法に関する部分群 N であって,

$$a\in A,\ n\in N \Longrightarrow an\in N$$

$$(a\in A,\, n\in N \Longrightarrow na\in N, \qquad a\in A,\, b\in B,\, n\in N \Longrightarrow anb\in N)$$

をみたすものを M の**部分左 A 加群**(left A-submodule)(**部分右 A 加群**(right A-submodule), **部分両側 (A,B) 加群**という.

左 A 加群(右 A 加群, 両側 (A,B) 加群)の族 $\{M_\lambda\}_{\lambda\in\Lambda}$ に対して, 直積集合

$$\prod_{\lambda\in\Lambda} M_\lambda = \{(m_\lambda)_{\lambda\in\Lambda} \mid m_\lambda\in M_\lambda\}$$

上の左 A 加群(右 A 加群, 両側 (A,B) 加群)の構造が

$$a(m_\lambda) = (am_\lambda)$$

$$((m_\lambda)a = (m_\lambda a), \qquad a(m_\lambda)b = (am_\lambda b))$$

により定まる. これを左 A 加群(右 A 加群, 両側 (A,B) 加群)の族 $\{M_\lambda\}_{\lambda\in\Lambda}$ の**直積**(direct product)という. また

$$\bigoplus_{\lambda\in\Lambda} M_\lambda = \left\{ (m_\lambda) \in \prod_{\lambda\in\Lambda} M_\lambda \,\middle|\, \text{有限個の}\lambda\text{を除いて } m_\lambda = 0 \right\}$$

は $\prod_{\lambda\in\Lambda} M_\lambda$ の部分左 A 加群(部分右 A 加群，部分両側 (A,B) 加群)になるが，これを左 A 加群(右 A 加群，両側 (A,B) 加群)の族 $\{M_\lambda\}_{\lambda\in\Lambda}$ の**直和**(direct sum)という.

N を M の部分左 A 加群とすると，新たな左 A 加群 M/N が次で定まる. これを M の N による**剰余加群**(factor module)という:

(i)　$M/N = \{\overline{m} \mid m\in M\}$, 　　$\overline{m_1} = \overline{m_2} \Longleftrightarrow m_1 - m_2 \in N$.

(ii)　$\overline{m_1} + \overline{m_2} = \overline{m_1 + m_2}$.

(iii)　$a\,\overline{m} = \overline{am}$.

右 A 加群，両側 (A,B) 加群に関しても同様に剰余加群が定義される.

例 1.10　A を環とするとき，$M=A$ は A の乗法:

$$A\times M = A\times A \to A, \qquad M\times A = A\times A\to A$$

により両側 (A,A) 加群になる. このとき，M の部分左 A 加群(部分右 A 加群，部分両側 (A,A) 加群)とは，A の左イデアル(右イデアル，イデアル)のことに他ならない. □

例 1.11　K を体，$A=M_n(K)$ とする. また，K^n を縦ベクトルの全体とみたものを M，横ベクトルの全体とみたものを N とする. このとき，行列とベクトルの積:

$$A\times M \to M \qquad ((a,m)\mapsto am),$$
$$N\times A \to N \qquad ((n,a)\mapsto na)$$

により，M は左 A 加群，N は右 A 加群になる. □

例 1.12　K を体，G を有限群とし，$A=K[G]$ とする. K 上の有限次元ベクトル空間 M に対して

$$GL(M) = \{f\in \mathrm{End}_K(M) \mid \det(f)\neq 0\}$$

とおく. 群の準同型 $\rho\colon G\to GL(M)$ が与えられたとき，M は

$$\left(\sum_{g\in G} a_g g\right) m = \sum_{g\in G} a_g(\rho(g))(m)$$

により，左 A 加群になる. □

例 1.13　D を例 1.4 の環とする．このとき，多項式環 $M=K[x]$ は，D の微分作用素としての作用により，左 A 加群になる．　□

以下，主に左 A 加群を扱うので，誤解の恐れのない場合には，左 A 加群のことを単に A 加群と呼ぶ．

加法群 M に対して

$$\mathrm{End}(M)=\{f\colon M\to M\ (\text{加法群の準同型})\}$$

は，準同型写像の合成を乗法とする環になる．また K 上のベクトル空間 M に対して

$$\mathrm{End}_K(M)=\{f\colon M\to M\ (\text{線形写像})\}$$

は K 代数になる．次の事実は容易に確かめることができる．

補題 1.14

（i）　A を環，M を加法群とする．M 上に A 加群の構造が与えられたとき，環の準同型写像 $\rho\colon A\to\mathrm{End}(M)$ が $\rho(a)(m):=am$ により定まる．逆に，環の準同型写像 $\rho\colon A\to\mathrm{End}(M)$ が与えられたとき，M 上の A 加群の構造が $am:=\rho(a)(m)$ により定まる．この対応により，M 上に A 加群の構造を与えることと，環の準同型写像 $A\to\mathrm{End}(M)$ を与えることは同値である．

（ii）　A を K 代数，M を K 上のベクトル空間とする．M 上に A 加群の構造が与えられたとき，K 代数の準同型写像 $\rho\colon A\to\mathrm{End}_K(M)$ が $\rho(a)(m):=am$ により定まる．逆に，K 代数の準同型写像 $\rho\colon A\to\mathrm{End}_K(M)$ が与えられたとき，M 上の A 加群の構造が $am:=\rho(a)(m)$ により定まる．この対応により，M 上に A 加群の構造を与えることと，K 代数の準同型写像 $A\to\mathrm{End}_K(M)$ を与えることは同値である．　□

ここで，M が K 代数 A 上の加群ならば，特に M は K 加群すなわち K 上のベクトル空間になることに注意されたい．

一般に，K 代数 A から K 上のベクトル空間 M の自己準同型環 $\mathrm{End}_K(M)$ への準同型写像 $\rho\colon A\to\mathrm{End}_K(M)$ のことを K 代数 A の**表現**(representation) と呼ぶ．K 代数 A に対して，A 加群を与えることと A の表現を与えることは同値である．

A 加群 $M \neq \{0\}$ であって，M 自身と $\{0\}$ 以外の部分 A 加群を含まないものを，**既約 A 加群**(irreducible A-module)と呼ぶ．また既約 A 加群に対応する表現のことを，**既約表現**(irreducible representation)と呼ぶ．

A 加群 M, N の間の写像 $f \colon M \to N$ に関して

$$f(m_1+m_2) = f(m_1)+f(m_2), \qquad f(am) = af(m)$$

が成り立つとき，f を A 加群の**準同型写像**(homomorphism)であるという．全単射な準同型写像のことを，**同型写像**(isomorphism)という．2つの A 加群 M, N の間に同型写像 $f \colon M \to N$ が存在するとき，M と N は同型であるといい，$M \simeq N$ と書く．

M から N への A 加群の準同型写像の全体 $\mathrm{Hom}_A(M, N)$ は，

$$(f+g)(m) := f(m)+g(m)$$

により加法群になる．はじめのうちは混乱しやすいが，可換環の場合と異なり，$f \in \mathrm{Hom}_A(M, N)$ と $a \in A$ に対して af を

$$(af)(m) := f(am) = af(m)$$

で定めても，これは A 加群の準同型になるとは限らない．よって $\mathrm{Hom}_A(M, N)$ は一般に A 加群になるわけではない．$a \in Z(A)$ ならば，$af \in \mathrm{Hom}_A(M, N)$ なので，$\mathrm{Hom}_A(M, N)$ は $Z(A)$ 加群にはなっている．したがって A が K 代数ならば，$\mathrm{Hom}_A(M, N)$ は K 上のベクトル空間になる．

$M=N$ の場合，$\mathrm{End}_A(M) := \mathrm{Hom}_A(M, M)$ は準同型写像の合成を乗法とする環になる．また A が K 代数ならば，$\mathrm{End}_A(M)$ は K 代数になる．

A 加群の準同型写像 $f \colon M \to N$ に対して，

$$\mathrm{Ker}\, f = \{m \in M \mid f(m) = 0\},$$
$$\mathrm{Im}\, f = \{f(m) \mid m \in M\}$$

とおく．これらはそれぞれ M, N の部分 A 加群である．また

$$\mathrm{Cok}\, f = N/\,\mathrm{Im}\, f$$

とおく．これは N の剰余 A 加群である．

可換環上の加群の場合とまったく同様に，A 加群の同型定理が以下のとおり成立する．

定理 1.15 A を環とする．

（i）　A 加群の準同型写像 $f\colon M \to N$ に対して

$$M/\operatorname{Ker} f \simeq \operatorname{Im} f.$$

（ii）　A 加群 M の部分 A 加群 $L \subset N(\subset M)$ に対して

$$(M/L)/(N/L) \simeq M/N.$$

（iii）　A 加群 M の部分 A 加群 N_1, N_2 に対して

$$N_1/(N_1 \cap N_2) \simeq (N_1 + N_2)/N_2\,.$$

□

以上，準同型写像の定義や同型定理を左 A 加群の場合についてのみ述べたが，右 A 加群や両側 (A, B) 加群に関してもまったく同様である．

S を A 加群 M の部分集合とする．このとき A 加群の準同型写像

$$f\colon \bigoplus_{m \in S} A \to M \qquad \left(f((a_m)) = \sum_{m \in S} a_m m\right)$$

が自然に定まるが，この f が全射になるとき，S は A 加群 M の**生成系**(generator system)であるという．また f が全単射になるとき，M は S を基底とする自由 A 加群であるという．可換環の場合と異なり，自由加群の基底の濃度は一定であるとは限らない．

A 加群であって有限個の元からなる生成系をもつものを，**有限生成 A 加群**(finitely generated A-module)と呼ぶ．A 加群であって，その任意の部分 A 加群が有限生成であるようなものを，**Noether A 加群**(Noetherian A-module)と呼ぶ．可換環の場合とまったく同様に次の事実が示される．

命題 1.16　A を左 Noether 環とするとき，任意の有限生成 A 加群は Noether A 加群である．□

A 加群の間の準同型写像の有限または無限の列

$$\cdots \xrightarrow{f_{i-2}} N_{i-1} \xrightarrow{f_{i-1}} N_i \xrightarrow{f_i} N_{i+1} \xrightarrow{f_{i+1}} \cdots$$

において $\operatorname{Ker} f_i = \operatorname{Im} f_{i-1}$ が任意の i について成り立つとき，これを**完全列**(exact sequence)という．

例えば，$0 \to M \xrightarrow{f} N$ が完全列であるということは f が単射であるということに他ならない．また $M \xrightarrow{f} N \to 0$ が完全列であるということは f が全射であるということを意味する．したがって $f\colon M \to N$ が同型写像であるためには $0 \to M \xrightarrow{f} N \to 0$ が完全列になることが必要十分である．

一般に

$$0 \to L \xrightarrow{f} M \xrightarrow{g} N \to 0$$

の形の完全列を**短完全列**(short exact sequence)という．これは，M が L と同型な部分 A 加群 $\mathrm{Im}\, f$ を含み，剰余加群 $\mathrm{Cok}\, f = M/\mathrm{Im}\, f$ が N と同型であるということを言っている．

命題 1.17　M を A 加群とする．

（i）　A 加群の完全列 $0 \to N_1 \xrightarrow{f} N_2 \xrightarrow{g} N_3$ に対して，次は完全列:

$$0 \to \mathrm{Hom}_A(M, N_1) \to \mathrm{Hom}_A(M, N_2) \to \mathrm{Hom}_A(M, N_3).$$

（ii）　A 加群の完全列 $N_1 \xrightarrow{f} N_2 \xrightarrow{g} N_3 \to 0$ に対して，次は完全列:

$$0 \to \mathrm{Hom}_A(N_3, M) \to \mathrm{Hom}_A(N_2, M) \to \mathrm{Hom}_A(N_1, M).$$

[証明]　(i)　$\varphi \in \mathrm{Hom}_A(M, N_1)$ に対して $f \circ \varphi = 0$ とすると f は単射なので，$\varphi = 0$．したがって $\mathrm{Hom}_A(M, N_1) \to \mathrm{Hom}_A(M, N_2)$ は単射である．$\psi \in \mathrm{Hom}_A(M, N_2)$ とすると，$\mathrm{Ker}\, g = \mathrm{Im}\, f$ なので

$$g \circ \psi = 0 \Longleftrightarrow \mathrm{Im}\, \psi \subset \mathrm{Ker}\, g \Longleftrightarrow \mathrm{Im}\, \psi \subset \mathrm{Im}\, f.$$

f は単射なので，この条件は $\varphi \in \mathrm{Hom}_A(M, N_1)$ であって $\psi = f \circ \varphi$ をみたすものが存在することと同値である．よって

$$\mathrm{Hom}_A(M, N_1) \to \mathrm{Hom}_A(M, N_2) \to \mathrm{Hom}_A(M, N_3)$$

は完全列である．(i) が示された．

(ii) も同様に示すことができる．■

上の (i) において $N_2 \to N_3$ が全射でも $\mathrm{Hom}_A(M, N_2) \to \mathrm{Hom}_A(M, N_3)$ は全射になるとは限らない．また，(ii) において $N_1 \to N_2$ が単射であっても $\mathrm{Hom}_A(N_2, M) \to \mathrm{Hom}_A(N_1, M)$ は全射になるとは限らない．

§1.3　生成元と基本関係による環の表示

まずテンソル代数の定義を思い出そう．M を体 K 上のベクトル空間とする．M の n 重のテンソル積:

$$\overbrace{M \otimes M \otimes \cdots \otimes M}^{n\ \text{回}}$$

を $M^{\otimes n}$ で表し，

$$T(M) = \bigoplus_{n=0}^{\infty} M^{\otimes n} \qquad (M^{\otimes 0} = K)$$

とおく．このとき，

$$M^{\otimes m} \otimes M^{\otimes n} \to M^{\otimes m+n}$$

$$((a_1 \otimes \cdots \otimes a_m) \otimes (b_1 \otimes \cdots \otimes b_n) \mapsto a_1 \otimes \cdots \otimes a_m \otimes b_1 \otimes \cdots \otimes b_n)$$

により定まる乗法に関して，$T(M)$ は K 代数になる．これを M の**テンソル代数**(tensor algebra)と呼ぶ．M の基底 $\{x_\lambda \mid \lambda \in \Lambda\}$ をとるとき，

$$\{x_{\lambda_1} x_{\lambda_2} \cdots x_{\lambda_r} \mid r \geqq 0,\ \lambda_1, \lambda_2, \cdots, \lambda_r \in \Lambda\}$$

は $T(M)$ の基底になる．そこで，M の基底 $\{x_\lambda \mid \lambda \in \Lambda\}$ をひとつ指定し，$T(M)$ を非可換な単項式 $x_{\lambda_1} x_{\lambda_2} \cdots x_{\lambda_r}$ の線形結合の全体からなる K 代数とみるとき，これを**非可換多項式環**(noncommutative polynomial ring)と呼び，$K\langle x_\lambda \mid \lambda \in \Lambda \rangle$ と書く．

R を可換環とするとき，上の構成で M を基底 $\{x_\lambda \mid \lambda \in \Lambda\}$ をもつ自由 R 加群に置き換えることにより，可換環 R 上の非可換多項式環 $R\langle x_\lambda \mid \lambda \in \Lambda \rangle$ が同様に定義される．

M を体 K 上のベクトル空間とし，$i\colon M \to T(M)$ を埋め込み写像とする．テンソル積の普遍写像性質から，次に述べるテンソル代数の普遍写像性質が導かれる．

命題 1.18　M を体 K 上のベクトル空間，A を K 代数とする．また，$h\colon M \to A$ を線形写像とする．このとき，K 代数の準同型写像 $f\colon T(M) \to A$ であって，$h = f \circ i$ をみたすものが唯ひとつ存在する．　□

これを言い換えて，次を得る．

命題 1.19　A を K 代数とし，$\{a_\lambda \mid \lambda \in \Lambda\} \subset A$ とする．このとき，K 代数の準同型写像 $f\colon K\langle x_\lambda \mid \lambda \in \Lambda \rangle \to A$ であって，$f(x_\lambda) = a_\lambda$ $(\lambda \in \Lambda)$ をみたすものが唯ひとつ存在する．　□

非可換多項式環 $K\langle x_\lambda \mid \lambda \in \Lambda \rangle$ の元の族 $\{\varphi_j(x_\lambda) \mid j \in J\}$ が与えられたとする．これらにより生成される $K\langle x_\lambda \mid \lambda \in \Lambda \rangle$ のイデアル

$$I = \sum_{j \in J} K\langle x_\lambda \mid \lambda \in \Lambda \rangle \varphi_j K\langle x_\lambda \mid \lambda \in \Lambda \rangle$$

に関する剰余環を $A = K\langle x_\lambda \mid \lambda \in \Lambda \rangle / I$ とする．$a_\lambda = \overline{x_\lambda} \in A$ とおくと，$\varphi_j = \varphi_j(x_\lambda)$ の変数 x_λ に a_λ を代入したもの $\varphi_j(a_\lambda)$ は A の元としては当然 0 になる．このとき，A を，$\{a_\lambda \mid \lambda \in \Lambda\}$ により生成され $\varphi_j(a_\lambda) = 0\ (j \in J)$ を**基本関係**(fundamental relations)とする K 代数と呼ぶ．命題 1.19 により，これは次の普遍写像性質により特徴づけられることがわかる．

命題 1.20　A を $\{a_\lambda \mid \lambda \in \Lambda\}$ により生成され $\varphi_j(a_\lambda) = 0\ (j \in J)$ を基本関係とする K 代数とする．K 代数 B と，その元の族 $\{b_\lambda \mid \lambda \in \Lambda\}$ とがあって，B 中で $\varphi_j(b_\lambda) = 0\ (j \in J)$ が成立しているとする．このとき，K 代数の準同型 $f\colon A \to B$ であって任意の $\lambda \in \Lambda$ に対して $f(a_\lambda) = b_\lambda$ をみたすものが唯ひとつ存在する．　□

したがって，$\{a_\lambda \mid \lambda \in \Lambda\}$ により生成され $\varphi_j(a_\lambda) = 0\ (j \in J)$ を基本関係とする K 代数 A の表現を与えるということは，K 上のベクトル空間 M と M 上の線形変換の族 $\{f_\lambda \mid \lambda \in \Lambda\}$ であって，$\varphi_j(f_\lambda) = 0\ (j \in J)$ をみたすものを与えることに他ならない．

例 1.21　K 上の多項式環 $K[x_1, \cdots, x_n]$ は，$\{x_i \mid 1 \leqq i \leqq n\}$ により生成され $x_i x_j = x_j x_i\ (1 \leqq i, j \leqq n)$ を基本関係とする K 代数である．　□

例 1.22　$\{h, e, f\}$ により生成され

$$he - eh = 2e, \qquad hf - fh = -2f, \qquad ef - fe = h$$

を基本関係とする K 代数を $U(\mathfrak{sl}_2)$ とかく．これは，Lie 代数 $\mathfrak{sl}_2$ の包絡代数と呼ばれるものである．　□

例 1.23　$q \in K$, $q \neq 0, \pm 1$ とする．$\{L, L^{-1}, E, F\}$ により生成され

$$LL^{-1} = L^{-1}L = 1, \qquad LEL^{-1} = q^2 E, \qquad LFL^{-1} = q^{-2} F,$$

$$EF - FE = \frac{L - L^{-1}}{q - q^{-1}}$$

を基本関係とする K 代数を $U_q(\mathfrak{sl}_2)$ とかく．これは，Lie 代数 $\mathfrak{sl}_2$ の量子包絡代数と呼ばれるものである．　□

例 1.24　V を K 上の有限次元ベクトル空間，$Q\colon V \to K$ を V 上の 2 次

形式とする．すなわち

（i）　$Q(cv) = c^2Q(v) \qquad (c \in K,\ v \in V)$,

（ii）　$\Phi\colon V \times V \to K \ \ ((v,w) \mapsto Q(v+w)-Q(v)-Q(w))$ は V 上の（対称）双線形形式

とする．このとき，V により生成され $v^2 = Q(v)$ $(v \in V)$ を基本関係とする K 代数 C_Q を Q に付随する Clifford 代数という．$Q=0$ のとき，C_Q は V の Grassmann 代数に他ならない．$v, w \in V$ とするとき，C_Q 中で

$$\begin{aligned} vw+wv &= (v+w)^2-v^2-w^2 \\ &= Q(v+w)-Q(v)-Q(w) = \Phi(v,w) \end{aligned}$$

が成り立つ．特に，V の基底 $\{e=i \mid i=1,\cdots,n\}$ をとるとき，C_Q 中で

$$e_ie_j+e_je_i = \Phi(e_i,e_j), \tag{1.1}$$

$$e_i^2 = Q(e_i) \tag{1.2}$$

が成り立つ．逆に，K 代数 C において(1.1),(1.2)が成立しているとき，$v = \sum_{i=1}^{n} c_ie_i \in V$ に対して

$$v^2 = \sum_i c_i^2e_i^2 + \sum_{i<j} c_ic_j\Phi(e_i,e_j) = Q\Bigl(\sum_{i=1}^{n} c_ie_i\Bigr)$$

なので，C_Q は $\{e_i \mid i=1,\cdots,n\}$ を生成系とし(1.1),(1.2)を基本関係とする K 代数でもある．なお，$\Phi(v,v)=2Q(v)$ なので，K の標数が 2 と異なるならば(1.2)は(1.1)から導かれる．したがってこの場合には，基本関係として(1.1)のみをとることができる．　□

例 1.22, 1.23, 1.24 において，生成元と基本関係により K 代数を定義したが，より具体的表示がないと落ちつかない人もいるであろう．$U(\mathfrak{sl}_2)$ においては $\{f^kh^\ell e^m \mid k,\ell,m \in \mathbb{N}\}$ がその K 上の基底になる．$U_q(\mathfrak{sl}_2)$ においては $\{F^kL^\ell E^m \mid k,m \in \mathbb{N},\ \ell \in \mathbb{Z}\}$ がその K 上の基底になる．また，Clifford 代数 C_Q は $\{e_{i_1}e_{i_2}\cdots e_{i_r} \mid 1 \leqq i_1 < i_2 < \cdots < i_r \leqq n\}$ を基底とする 2^n 次元の K 上のベクトル空間である．これらの事実を証明するには定石ともいえる方法があるので，Clifford 代数の場合にそれを述べておこう．

まず，定義から，C_Q の任意の元は，$e_{i_1}e_{i_2}\cdots e_{i_s}$ $(1 \leqq i_1, i_2, \cdots, i_s \leqq n)$ の形の元の線形結合である．基本関係を用いると，それはさらに $e_{i_1}e_{i_2}\cdots e_{i_r}$ $(1 \leqq$

$i_1<i_2<\cdots<i_r\leqq n$) の形の元の線形結合の形に書き直せることが容易にわかる．したがって，$\{e_{i_1}e_{i_2}\cdots e_{i_r}\mid 1\leqq i_1<i_2<\cdots<i_r\leqq n\}$ の線形独立性を示せばよい．

K 代数 C_Q のベクトル空間 $M=C_Q$ 上の表現 $\rho\colon C_Q\to \mathrm{End}_K(M)$ が，$(\rho(a))(m)=am$ により定まる(正則表現)．もし主張が正しいものとすると，M は $e_{i_1}e_{i_2}\cdots e_{i_r}$ $(1\leqq i_1<i_2<\cdots<i_r\leqq n)$ に対応する元 $m(i_1,i_2,\cdots,i_r)\in M$ を基底とするベクトル空間で，しかも次の関係式が成り立っていなければならない：

$$\rho(e_i)=E_i\,, \tag{1.3}$$

$$\begin{aligned} E_i(m(i_1,i_2,\cdots,i_r)) &= \sum_{k=1}^{t}(-1)^{k+1}\varPhi(e_i,e_{i_k})\,m(i_1,\cdots,i_{k-1},i_{k+1},\cdots,i_r)\\ &\quad +(1-\delta_{i,i_{t+1}})(-1)^t\,m(i_1,\cdots,i_t,i,i_{t+1},\cdots,i_r)\\ &\quad +\delta_{i,i_{t+1}}(-1)^t\,Q(e_i)\,m(i_1,\cdots,i_t,i_{t+2},\cdots,i_r)\\ &\qquad (i_1<i_2<\cdots<i_t<i\leqq i_{t+1}<\cdots<i_r)\,. \end{aligned} \tag{1.4}$$

実際 $\{m(i_1,i_2,\cdots,i_r)\mid 1\leqq i_1<i_2<\cdots<i_r\leqq n\}$ を基底とするベクトル空間 M 上の C_Q の表現 ρ が(1.3), (1.4)により矛盾なく定まることが，関係式

$$E_iE_j+E_jE_i=\varPhi(e_i,e_j),\qquad E_i^2=Q(e_i)$$

をチェックすることにより確かめられる(読者は各自チェックせよ，実はこの部分が一番面倒である)．このとき $\{m(i_1,i_2,\cdots,i_r)=\rho(e_{i_1}e_{i_2}\cdots e_{i_r})(1)\mid 1\leqq i_1<i_2<\cdots<i_r\leqq n\}$ は線形独立なので，$\{e_{i_1}e_{i_2}\cdots e_{i_r}\mid 1\leqq i_1<i_2<\cdots<i_r\leqq n\}$ も線形独立であることがわかる．以上により主張が示された．

一般に $\mathbb{Z}\langle x_\lambda\mid\lambda\in\varLambda\rangle$ の元の族 $\{\varphi_j(x_\lambda)\mid j\in J\}$ が与えられているとする．

$$A=\mathbb{Z}\langle x_\lambda\mid\lambda\in\varLambda\rangle \Big/ \sum_{j\in J}\mathbb{Z}\langle x_\lambda\mid\lambda\in\varLambda\rangle\varphi_j\mathbb{Z}\langle x_\lambda\mid\lambda\in\varLambda\rangle\,,$$

$$a_\lambda=\overline{x_\lambda}\in A$$

とおくとき，A は以下に述べる普遍写像性質をみたし，$\{a_\lambda\mid\lambda\in\varLambda\}$ により生成され $\varphi_j(a_\lambda)=0\,(j\in J)$ を基本関係とする環と呼ばれる：

命題 1.25　A を $\{a_\lambda\mid\lambda\in\varLambda\}$ により生成され $\varphi_j(a_\lambda)=0$ $(j\in J)$ を基本関

係とする環とする．環 B と，その元の族 $\{b_\lambda \mid \lambda \in \Lambda\}$ とがあって，B 中で $\varphi_j(b_\lambda)=0$ $(j \in J)$ が成立しているとする．このとき，環の準同型 $f\colon A \to B$ であって，任意の $\lambda \in \Lambda$ に対して $f(a_\lambda)=b_\lambda$ をみたすものが唯ひとつ存在する． □

§1.4　テンソル積

A を環とする．M を右 A 加群，N を左 A 加群，L を加法群とするとき，写像 $\varphi\colon M \times N \to L$ であって

$$\varphi(m_1+m_2, n) = \varphi(m_1, n)+\varphi(m_2, n),$$
$$\varphi(m, n_1+n_2) = \varphi(m, n_1)+\varphi(m, n_2),$$
$$\varphi(ma, n) = \varphi(m, an)$$

をみたすもののことを A **平衡写像**（A-balanced map）と呼ぶ．

定理 1.26　右 A 加群 M と左 A 加群 N に対して，加法群 $M \otimes_A N$ と A 平衡写像 $\tau\colon M \times N \to M \otimes_A N$ の組 $(M \otimes_A N, \tau)$ であって，次の普遍写像性質をみたすものが，同型を除いて唯ひとつ存在する：

（普遍写像性質）　L を加法群，$\varphi\colon M \times N \to L$ を A 平衡写像とするとき，加法群の準同型写像 $f\colon M \otimes_A N \to L$ であって $f \circ \tau = \varphi$ をみたすものが唯ひとつ存在する．

［証明］　一意性は普遍写像性質に関するいつもの議論からわかるので，その構成法のみを述べる．$M \times N$ の元を基底とする自由加法群

$$P = \bigoplus_{(m,n) \in M \times N} \mathbb{Z}(m, n)$$

中で，

$$(m_1+m_2, n)-(m_1, n)-(m_2, n),$$
$$(m, n_1+n_2)-(m, n_1)-(m, n_2),$$
$$(ma, n)-(m, an)$$

の形の元で生成される部分群を Q とし，

$$M \otimes_A N := P/Q, \qquad \tau(m, n) = \overline{(m, n)}$$

とする．定義から τ は A 平衡写像である．これが普遍写像性質をみたすことは，次のようにしてわかる．L を加法群，$\varphi\colon M\times N\to L$ を A 平衡写像とする．加法群の準同型写像 $f\colon M\otimes_A N\to L$ であって $f\circ\tau=\varphi$ をみたすものが存在するとすると，$f(\overline{(m,n)})=\varphi(m,n)$ でなければならないが，このような f が矛盾なく定義されることは，$M\otimes_A N$ の定義から簡単にわかる．∎

この $M\otimes_A N$ のことを，M と N の A 上の**テンソル積**(tensor product)という．また，

$$m\otimes n := \tau(m,n)$$

と書く．構成法からわかるように，$M\otimes_A N$ の任意の元は

$$\sum_i m_i\otimes n_i \qquad (m_i\in M,\ n_i\in N)$$

の形の有限和の形に書ける．また，

$$(m_1+m_2)\otimes n = m_1\otimes n+m_2\otimes n,$$
$$m\otimes(n_1+n_2) = m\otimes n_1+m\otimes n_2,$$
$$ma\otimes n = m\otimes an$$

が成立する．

ここまでは M は右 A 加群，N は左 A 加群とした．ここでさらに，別の環 B があって，M に左 B 加群の構造も与えられており，これに関して M は両側 (B,A) 加群になっている場合を考えよう．

定理 1.27　M を両側 (B,A) 加群，N を左 A 加群とし，右 A 加群 M と左 A 加群 N のテンソル積 $M\otimes_A N$ を考える．

(i)　$M\otimes_A N$ 上の左 B 加群の構造が

$$b(m\otimes n) = (bm)\otimes n$$

により定まり，

$$\tau(bm,n) = b\tau(m,n)$$

が成立する．

(ii)　(普遍写像性質)　L を左 B 加群，$\varphi\colon M\times N\to L$ を A 平衡写像であって $\varphi(bm,n)=b\varphi(m,n)$ をみたすものとするとき，左 B 加群の準同型写像 $f\colon M\otimes_A N\to L$ であって $f\circ\tau=\varphi$ をみたすものが唯ひとつ存在

する．

［証明］ (i) $b \in B$ に対して，

$$h_b \colon M \times N \to M \times N \qquad ((m,n) \mapsto (bm,n))$$

とする．$\tau \circ h_b$ は A 平衡写像なので，$M \otimes_A N$ の普遍写像性質から，加法群の準同型写像 $f_b \colon M \otimes_A N \to M \otimes_A N$ であって，$f_b \circ \tau = \tau \circ h_b$ をみたすものが唯ひとつ存在する．これに関して，以下の事実が成り立つ．

(1.5) $\qquad f_{b_1} + f_{b_2} = f_{b_1+b_2}, \qquad f_{b_1} \circ f_{b_2} = f_{b_1 b_2}, \qquad f_1 = \mathrm{id}\,.$

実際，

$$\begin{aligned}(\tau \circ h_{b_1} + \tau \circ h_{b_2})(m,n) &= \tau \circ h_{b_1}(m,n) + \tau \circ h_{b_2}(m,n)\\ &= \tau(b_1 m, n) + \tau(b_2 m, n) = \tau(b_1 m + b_2 m, n)\\ &= \tau((b_1+b_2)m, n) = \tau \circ h_{b_1+b_2}(m,n)\end{aligned}$$

より，

$$(f_{b_1} + f_{b_2}) \circ \tau = f_{b_1} \circ \tau + f_{b_2} \circ \tau = \tau \circ h_{b_1} + \tau \circ h_{b_2} = \tau \circ h_{b_1+b_2}.$$

ところが，$f_{b_1+b_2}$ は $f_{b_1+b_2} \circ \tau = \tau \circ h_{b_1+b_2}$ をみたす唯ひとつの準同型写像だったので，$f_{b_1} + f_{b_2} = f_{b_1+b_2}$ が成立する．また，

$$f_{b_1} \circ f_{b_2} \circ \tau = f_{b_1} \circ \tau \circ h_{b_2} = \tau \circ h_{b_1} \circ h_{b_2} = \tau \circ h_{b_1 b_2}$$

であるが，$f_{b_1 b_2}$ は $f_{b_1 b_2} \circ \tau = \tau \circ h_{b_1 b_2}$ をみたす唯ひとつの準同型写像だったので，$f_{b_1} \circ f_{b_2} = f_{b_1 b_2}$ が成立する．最後に，

$$\mathrm{id} \circ \tau = \tau = \tau \circ h_1$$

であるが，f_1 は $f_1 \circ \tau = \tau \circ h_1$ をみたす唯ひとつの準同型写像だったので，$f_1 = \mathrm{id}$ が成立する．そこで，$x \in M \otimes_A N$ と $b \in B$ に対して，$bx \in M \otimes_A N$ を $bx = f_b(x)$ で定めると，(1.5)から，$M \otimes_A N$ が左 B 加群になることがわかる．また f_b の定義から，$b(m \otimes n) = (bm) \otimes n$ である．

(ii) テンソル積の定義から，加法群の準同型写像 $f \colon M \otimes_A N \to L$ であって $f \circ \tau = \varphi$ をみたすものが唯ひとつ存在する．したがって，この f が B 加群の準同型写像であることを示せばよい．$f(m \otimes n) = \varphi(m,n)$ なので，

$$\begin{aligned}f(b(m \otimes n)) &= f((bm) \otimes n)\\ &= \varphi(bm, n) = b\varphi(m,n) = bf(m \otimes n).\end{aligned}$$

よって f は B 加群の準同型写像である． ∎

したがって，定理1.27の状況のもとでは，$M\otimes_A N$ は，(ii) の普遍写像性質によっても一意的に特徴づけられる．

A が可換環の場合には，2つの A 加群 M, N に対して，M を両側 (A, A) 加群とみなしたときの定理1.27(ii) による特徴づけを，A 加群 $M\otimes_A N$ の普遍写像性質による定義とするのが通常である．

まったく同様に，M が右 A 加群，N が両側 (A, B) 加群ならば，$M\otimes_A N$ は

$$(m\otimes n)b = m\otimes(nb)$$

により右 B 加群になる．また，M が両側 (A, B) 加群，N が両側 (B, C) 加群ならば，$M\otimes_B N$ は

$$a(m\otimes n)c = (am)\otimes(nc)$$

により両側 (A, C) 加群になる．

$f\colon M_1\to M_2$ を右 A 加群の準同型写像，$g\colon N_1\to N_2$ を左 A 加群の準同型写像とする．このとき

$$M_1\times N_1 \to M_2\otimes_A N_2 \qquad ((m, n)\mapsto f(m)\otimes g(n))$$

は A 平衡写像になる．したがって加法群の準同型写像 $F\colon M_1\otimes_A N_1\to M_2\otimes_A N_2$ が $F(m\otimes n) = f(m)\otimes g(n)$ により定まる．この F を $f\otimes g$ とかく．

さらに f が両側 (B, A) 加群の準同型写像ならば(g が両側 (A, C) 加群の準同型写像ならば)，$f\otimes g$ は B 加群の準同型写像(右 C 加群の準同型写像)になる．f が両側 (B, A) 加群の準同型写像でかつ g が両側 (A, C) 加群の準同型写像ならば，$f\otimes g$ は両側 (B, C) 加群の準同型写像である．

定理 1.28　M を右 A 加群，$N_1 \xrightarrow{f} N_2 \xrightarrow{g} N_3 \to 0$ を A 加群の完全列とする．このとき

$$M\otimes_A N_1 \xrightarrow{\mathrm{id}\otimes f} M\otimes_A N_2 \xrightarrow{\mathrm{id}\otimes g} M\otimes_A N_3 \to 0$$

も完全列になる．

［証明］　$M\otimes_A N_3$ の任意の元は $x = \sum_i m_i\otimes n_i$ の形の有限和に表される．g が全射なので $g(n_i') = n_i$ をみたす $n_i'\in N_2$ がとれるが，このとき $(\mathrm{id}\otimes g)(\sum_i m_i\otimes n_i') = x$ となる．よって $\mathrm{id}\otimes g$ は全射である．

$\mathrm{Ker}(\mathrm{id}\otimes g) = \mathrm{Im}(\mathrm{id}\otimes f)$ を示そう．$\mathrm{Ker}\, g = \mathrm{Im}\, f$ なので

$$K = \left\{ \sum_i m_i \otimes n_i \in M \otimes N_2 \,\middle|\, n_i \in \operatorname{Ker} g \right\}$$

とおくとき，$K = \operatorname{Ker}(\mathrm{id} \otimes g)$ を示せばよい．$K \subset \operatorname{Ker}(\mathrm{id} \otimes g)$ は明らか．よって $i\colon (M \otimes_A N_2)/K \to M \otimes_A N_3$ が $i(\overline{m \otimes n}) = m \otimes g(n)$ により定まる．この i が単射であることを示せばよい．したがって $j\colon M \otimes_A N_3 \to (M \otimes_A N_2)/K$ であって $j \circ i = \mathrm{id}$ となるものが存在することを示せばよい．$(m, n) \in M \times N_3$ に対して $g(n') = n$ となる $n' \in N_2$ をひとつ選ぶとき $h(m, n) = \overline{m \otimes n'} \in (M \otimes_A N_2)/K$ は n' の選び方によらずに決まる．$h\colon M \times N_3 \to (M \otimes_A N_2)/K$ は A 平衡写像なので，加法群の準同型写像 $j\colon M \otimes_A N_3 \to (M \otimes_A N_2)/K$ が $j(m \otimes n) = h(m, n)$ によって定まる．このときは明らかに $j \circ i = \mathrm{id}$ がみたされる．∎

命題 1.29　右 A 加群 M に関して以下の 2 つの条件は同値である．

（i）　$N_1 \xrightarrow{f} N_2 \xrightarrow{g} N_3$ が左 A 加群の完全列ならば

$$M \otimes_A N_1 \xrightarrow{\mathrm{id} \otimes f} M \otimes_A N_2 \xrightarrow{\mathrm{id} \otimes g} M \otimes_A N_3$$

も完全列になる．

（ii）　$0 \to N_2 \xrightarrow{g} N_3$ が左 A 加群の完全列ならば

$$0 \to M \otimes_A N_2 \xrightarrow{\mathrm{id} \otimes g} M \otimes_A N_3$$

も完全列になる．

[証明]　(i) $\Rightarrow$ (ii) は明らか．

(ii) が成立しているとする．$N_1 \xrightarrow{f} N_2 \xrightarrow{g} N_3$ を分解して 3 つの短完全列

$$0 \to \operatorname{Ker} f \to N_1 \to \operatorname{Im} f \to 0,$$
$$0 \to \operatorname{Im} f \to N_2 \to \operatorname{Im} g \to 0,$$
$$0 \to \operatorname{Im} g \to N_3 \to \operatorname{Cok} g \to 0$$

を考える．定理 1.28 により $M \otimes_A (\bullet)$ は短完全列を短完全列に移す．よって

$$0 \to M \otimes_A \operatorname{Ker} f \to M \otimes_A N_1 \to M \otimes_A \operatorname{Im} f \to 0,$$
$$0 \to M \otimes_A \operatorname{Im} f \to M \otimes_A N_2 \to M \otimes_A \operatorname{Im} g \to 0,$$
$$0 \to M \otimes_A \operatorname{Im} g \to M \otimes_A N_3 \to M \otimes_A \operatorname{Cok} g \to 0$$

も短完全列になる．したがって

$$\operatorname{Ker}(\mathrm{id} \otimes g) = \operatorname{Ker}(M \otimes_A N_2 \to M \otimes_A \operatorname{Im} g)$$

$$= \mathrm{Im}(M \otimes_A \mathrm{Im}\, f \to M \otimes_A N_2)$$
$$= \mathrm{Im}(\mathrm{id} \otimes f).$$

(ii) が示された. ∎

命題 1.29 の同値な条件をみたす右 A 加群 M を**平坦加群**(flat module)と呼ぶ. また左加群と右加群を入れ替えても定理 1.28, 命題 1.29 とまったく同様な事実が成立し, 平坦な左 A 加群の概念が定義される.

例題 1.30　M を A 加群, N を両側 (A,B) 加群, L を左 B 加群とする.

(i)　$\mathrm{Hom}_A(M,N)$ は

$$(\varphi b)(m) = \varphi(m)b \qquad (\varphi \in \mathrm{Hom}_A(M,N),\ b \in B,\ m \in M)$$

により右 B 加群になることを示せ.

(ii)　加法群の準同型写像 $F\colon \mathrm{Hom}_A(M,N)\otimes_B L \to \mathrm{Hom}_A(M, N\otimes_B L)$ が

$$(F(\varphi\otimes l))(m) = \varphi(m)\otimes l \qquad (\varphi \in \mathrm{Hom}_A(M,N),\ l \in L,\ m \in M)$$

により定まることを示せ.

(iii)　A が左 Noether 環で, M が有限生成, また L が平坦加群ならば F は同型写像になることを示せ.

[解]　(i) は簡単なので各自試みられたい.

(ii) は $f\colon \mathrm{Hom}_A(M,N)\times L \to \mathrm{Hom}_A(M, N\otimes_B L)$ が

$$(f(\varphi, l))(m) = \varphi(m)\otimes l \qquad (\varphi \in \mathrm{Hom}_A(M,N),\ l \in L,\ m \in M)$$

により定まり, さらにこれが B 平衡写像であることから分かる.

(iii) を示そう. 仮定により, A 加群の短完全列 $0\to K\to F\to M\to 0$ であって F は階数有限の自由加群, K は有限生成 A 加群になるものが取れる. したがって命題 1.17 と定理 1.28 により, 可換図式

$$\begin{array}{ccccccc}
0 \to & \mathrm{Hom}(M,N)\otimes L & \to & \mathrm{Hom}(F,N)\otimes L & \to & \mathrm{Hom}(K,N)\otimes L \\
& {\scriptstyle f_M}\downarrow & & {\scriptstyle f_F}\downarrow & & {\scriptstyle f_K}\downarrow \\
0 \to & \mathrm{Hom}(M,N\otimes L) & \to & \mathrm{Hom}(F,N\otimes L) & \to & \mathrm{Hom}(K,N\otimes L)
\end{array}$$

であって, 上下の横列が完全列になるものが存在する($\mathrm{Hom} = \mathrm{Hom}_A$, $\otimes = \otimes_B$). F は自由加群なので $F = A^{\oplus n}$ としてよい. このとき $\mathrm{Hom}(F,N)\otimes L \simeq$

$\mathrm{Hom}(F, N\otimes L)\simeq N^{\oplus n}\otimes L$ で f_F は同型写像である．これから f_M は単射であることが容易に分かる．よって任意の有限生成 A 加群 M に対して f_M は単射．よって特に f_K も単射．したがって上の図式から f_M が同型写像であることが分かる． ∎

§1.5 局所化

環 A の元 a に対して $ab=ba=1$ をみたす b が存在するとき，この b を a^{-1} で表し，a の逆元という．また，逆元をもつ元のことを**可逆元**(invertible element)という．

環 A の部分集合 S であって，以下の条件をみたすもののことを**積閉集合**(multiplicatively closed subset)と呼ぶ:

$$s, t\in S \Longrightarrow st\in S, \qquad 1\in S.$$

定理 1.31　S を環 A の積閉集合とする．環 B と環の準同型写像 $\varphi\colon A\to B$ の組 (B,φ) であって，任意の $s\in S$ に対して $\varphi(s)$ が B の可逆元となるようなものを考える．このような組のうちで，次の普遍写像性質をみたすもの $(A\langle S^{-1}\rangle,\iota)$ が，同型を除いて唯ひとつ存在する:

（普遍写像性質）　任意の組 (B,φ) に対して，環の準同型写像 $f\colon A\langle S^{-1}\rangle\to B$ であって $\varphi=f\circ\iota$ をみたすものが唯ひとつ存在する．

［証明］　一意性は普遍写像性質に関するいつもの議論からわかるので，その構成法のみを述べる．$p_a\ (a\in A)$ と $q_s\ (s\in S)$ により生成され，

$$p_a+p_b=p_{a+b}, \qquad p_ap_b=p_{ab}, \qquad p_sq_s=q_sp_s=1$$

を基本関係とする環を $A\langle S^{-1}\rangle$ とする．$\iota\colon A\to A\langle S^{-1}\rangle$ を $\iota(a)=p_a$ で定めるとき，ι は環の準同型写像で，任意の $s\in S$ に対して $p_s=\iota(s)$ は逆元 q_s をもつ．(B,φ) を別の組とし，$\varphi=f\circ\iota$ をみたす環の準同型写像 $f\colon A\langle S^{-1}\rangle\to B$ が存在するとすると，$f(p_a)=\varphi(a)$，$f(q_s)=(\varphi(s))^{-1}$ でなければならないが，このような f が唯ひとつ存在することは，$A\langle S^{-1}\rangle$ の定義から明らか． ∎

$A\langle S^{-1}\rangle$ を(より正確には組 $(A\langle S^{-1}\rangle,\iota)$ を)環 A の積閉集合 S による**局所化**(localization)という．

例題 1.32 A を環，I をそのイデアルとする．$B=A/I$ とおき，$\pi\colon A\to B$ を自然な準同型写像とする．B の積閉集合 S に対して，$T=\pi^{-1}(S)$ とおく．このとき次を示せ．

（i） T は A の積閉集合である．

（ii） $\iota\colon A\to A\langle T^{-1}\rangle$ を自然な準同型写像とし，$\iota(I)$ により生成される $A\langle T^{-1}\rangle$ のイデアルを J とするとき，

$$A\langle T^{-1}\rangle/J\simeq B\langle S^{-1}\rangle.$$

（iii） A 加群 M に対して $N=M/IM$ とおくとき，

$$(A\langle T^{-1}\rangle\otimes_A M)/J(A\langle T^{-1}\rangle\otimes_A M)\simeq B\langle S^{-1}\rangle\otimes_B N.$$

［解］ (i) は明らか．

(ii) $\iota_0\colon B\to B\langle S^{-1}\rangle$, $h\colon A\langle T^{-1}\rangle\to A\langle T^{-1}\rangle/J$ を自然な準同型写像とする．$A\langle T^{-1}\rangle$ の普遍写像性質により $\iota_0\circ\pi=f\circ\iota$ をみたす準同型写像 $f\colon A\langle T^{-1}\rangle\to B\langle S^{-1}\rangle$ が唯ひとつ存在する．$f(J)=0$ なので $p\circ h=f$ をみたす $p\colon A\langle T^{-1}\rangle/J\to B\langle S^{-1}\rangle$ が定まる．また，$h\circ\iota(I)=0$ なので $g\circ\pi=h\circ\iota$ をみたす $g\colon B\to A\langle T^{-1}\rangle/J$ が定まる．$B\langle S^{-1}\rangle$ の普遍写像性質により $g=q\circ\iota_0$ をみたす $q\colon B\langle S^{-1}\rangle\to A\langle T^{-1}\rangle/J$ が唯ひとつ存在する．このとき $p\circ q=\mathrm{id}$，$q\circ p=\mathrm{id}$ を示せばよい．$p\circ q\circ\iota_0\circ\pi=p\circ g\circ\pi=p\circ h\circ\iota=f\circ\iota=\iota_0\circ\pi$ であるが，π は全射なので，$(p\circ q)\circ\iota_0=\iota_0$．よって，$B\langle S^{-1}\rangle$ の普遍写像性質により $p\circ q=\mathrm{id}$．$(q\circ f)\circ\iota=q\circ\iota_0\circ\pi=g\circ\pi=h\circ\iota$ なので $A\langle T^{-1}\rangle$ の普遍写像性質により $q\circ f=h$．よって，$q\circ p\circ h=q\circ f=h$．$h$ の全射性により $q\circ p=\mathrm{id}$．

(iii) (ii)により

$$\begin{aligned}(A\langle T^{-1}\rangle\otimes_A M)/J(A\langle T^{-1}\rangle\otimes_A M)&\simeq(A\langle T^{-1}\rangle/JA\langle T^{-1}\rangle)\otimes_A M\\&\simeq B\langle S^{-1}\rangle\otimes_A M\\&\simeq B\langle S^{-1}\rangle\otimes_B B\otimes_A M\\&\simeq B\langle S^{-1}\rangle\otimes_B N.\end{aligned}$$

∎

A が可換環の場合には，$A\langle S^{-1}\rangle$ の任意の元は $\iota(s)^{-1}\iota(a)$ の形に書けて，

$\iota(s)^{-1}\iota(a)=\iota(t)^{-1}\iota(b)\iff u(sb-ta)=0$ となる $u\in S$ が存在する

となるのであった．しかし A が非可換な場合には，事情はこのように簡単で

ない．そこで，どのような場合に可換環のときのような簡明な表示が存在するかを考察しよう．

環 A の積閉集合 S に関する以下の2条件を，**左分母条件**と呼ぶ：

（i）　$s\in S,\ a\in A$ ならば，$ta=bs$ をみたす $t\in S$ と $b\in A$ が存在する．

（ii）　$s\in S,\ a\in A$ について $as=0$ ならば，$ta=0$ をみたす $t\in S$ が存在する．

左分母条件のもとで以下の事実が成立することが，容易に示せる．

（1.6）　$s_1,\cdots,s_n\in S$ に対して $a_1s_1=\cdots=a_ns_n\in S$ をみたす $a_1,\cdots,a_n\in A$ が存在する．

（1.7）　$a_1,\cdots,a_n\in A$ と $s\in S$ に関して $a_1s=\cdots=a_ns=0$ ならば，$t\in S$ であって $ta_1=\cdots=ta_n=0$ をみたすものが存在する．

命題1.33　A を環，S を A の積閉集合とし，$(A\langle S^{-1}\rangle,\iota)$ を A の S による局所化とする．もしも S が左分母条件をみたすならば，$(A\langle S^{-1}\rangle,\iota)$ において次が成立する：

（1.8）　$A\langle S^{-1}\rangle$ の任意の元は $\iota(s)^{-1}\iota(a)$ の形に書ける．

（1.9）　$\iota(a)=0\Longleftrightarrow sa=0$ をみたす $s\in S$ が存在する．

逆に，(1.8)，(1.9)が成立するならば，S は左分母条件をみたす．

[証明]　S が左分母条件をみたすとする．集合 $S\times A$ 上の2項関係 $\sim$ を

$$(s,a)\sim(t,b)\Longleftrightarrow ca=db,\ cs=dt\in S \text{ となる } c,d\in A \text{ が存在する}$$

により定める．このとき以下のことが証明できる：

（i）　$\sim$ は $S\times A$ 上の同値関係になる．

（ii）　同値類の集合 $S\times A/\sim$ 上の加法と乗法が，

$$\overline{(s,a)}+\overline{(t,b)}=\overline{(u,ca+db)}\qquad(u=cs=dt\in S),$$
$$\overline{(s,a)}\,\overline{(t,b)}=\overline{(us,cb)}\qquad(ct=ua,\ u\in S)$$

により矛盾なく定まる．

（iii）　上の加法と乗法により，$S\times A/\sim$ は環になる．

(iv) $\iota_0\colon A\to S\times A/\sim$ を $\iota_0(a)=\overline{(1,a)}$ により定めるとき，ι は環の準同型写像で，$s\in S$ ならば $\iota_0(s)$ は可逆元になる.

(v) B を環，$\varphi\colon A\to B$ を環の準同型写像であって，任意の $s\in S$ に対して $\varphi(s)$ が可逆元になるものとすると，環の準同型写像 $f\colon S\times A/\sim\to B$ であって $\varphi=f\circ\iota_0$ をみたすものが唯ひとつ存在する.

ここでは，(i) の証明のみを与えることにし，その他の詳細は読者に委ねる.

$\sim$ に関して，

$$(s,a)\sim(s,a),\qquad (s,a)\sim(t,b)\Longrightarrow(t,b)\sim(s,a)$$

は明らか. $(s,a)\sim(t,b)$ かつ $(t,b)\sim(u,c)$ とする. $d,e,f,g\in A$ が存在して，

$$da=eb,\quad fb=gc,\quad ds=et\in S,\quad ft=gu\in S$$

が成立する. (1.6)により $h(et)=k(ft)\in S$ をみたす $h,k\in A$ が存在する. (1.7)により $vhe=vkf$ なる $v\in S$ がとれるので，h,k をそれぞれ vh,vk で置き換えることにより，はじめから，$he=kf$，$het=kft\in S$ としてよい. このとき，

$$(hd)a=heb=kfb=(kg)c,\qquad (hd)s=het=kft=(kg)u\in S.$$

すなわち $(s,a)\sim(u,c)$. (i) が示された.

(iv), (v) により，$(S\times A/\sim,\iota_0)$ は $(A\langle S^{-1}\rangle,\iota)$ と同型. 以上により(1.8), (1.9)が示された.

(1.8), (1.9)が成立していると仮定する.

$s\in S$, $a\in A$ とする. (1.8)により，$\iota(a)\,\iota(s)^{-1}=\iota(u)^{-1}\iota(c)$ をみたす $u\in S$, $c\in A$ が存在する. このとき $\iota(ua-cs)=0$. よって(1.9)により $vua=vcs$ をみたす $v\in S$ が存在する. $t=vu\in S$, $b=vc$ とおくとき，$ta=bs$. 左分母条件 (i) が示された.

$s\in S$, $a\in A$, $as=0$ とする. $\iota(a)\,\iota(s)=\iota(as)=0$ だが，$\iota(s)$ は可逆元なので，$\iota(a)=0$. したがって(1.9)により $ta=0$ となる $t\in S$ が存在する. 左分母条件 (ii) が示された. ∎

環 A の積閉集合 S が左分母条件をみたすとき，$A\langle S^{-1}\rangle$ を $S^{-1}A$ とかく.

命題 1.34 A を環，S を A の積閉集合で左分母条件をみたすものとするとき，$(S^{-1}A,\iota)$ は，条件(1.8), (1.9)により特徴づけられる. すなわち，環

$\tilde{A}$ と準同型写像 $\theta\colon A\to\tilde{A}$ の組が，以下の条件をみたすとする．

(1.10)　任意の $s\in S$ に対して $\theta(s)$ は $\tilde{A}$ の可逆元．

(1.11)　任意の $\tilde{A}$ の元は $\theta(s)^{-1}\theta(a)$ $(s\in S,\ a\in A)$ の形に書ける．

(1.12)　$\theta(a)=0 \Longrightarrow$ ある $s\in S$ に対して $sa=0$.

このとき，$(\tilde{A},\theta)$ は，$(S^{-1}A,\iota)$ と同型である．

［証明］　普遍写像性質により，$\theta=f\circ\iota$ をみたす環準同型写像 $f\colon A\langle S^{-1}\rangle\to\tilde{A}$ が定まる．このとき $f(\iota(s)^{-1}\iota(a))=\theta(s)^{-1}\theta(a)$ である．f が同型写像であることを示せばよい．$f(\iota(s)^{-1}\iota(a))=0$ とすると，$\theta(s)^{-1}\theta(a)=0$，すなわち，$\theta(a)=0$．(1.12)により，$ta=0\,(t\in S)$．よって，$\iota(s)^{-1}\iota(a)=\iota(ts)^{-1}\iota(ta)=0$．$f$ の単射性が示された．また全射性は(1.11)により明らか．したがって f は同型写像である． ∎

A を環，S を A の積閉集合，M を A 加群とし，$A\langle S^{-1}\rangle$ 加群 $A\langle S^{-1}\rangle\otimes_A M$ を考える．$\kappa\colon M\to A\langle S^{-1}\rangle\otimes_A M$ を $\kappa(m)=1\otimes m$ により定める．κ は A 加群の準同型写像である．

命題 1.35

(i)（普遍写像性質）　N を $A\langle S^{-1}\rangle$ 加群，$\psi\colon M\to N$ を A 加群の準同型写像とすると，$A\langle S^{-1}\rangle$ 加群の準同型写像 $f\colon A\langle S^{-1}\rangle\otimes_A M\to N$ であって，$\psi=f\circ\kappa$ をみたすものが唯ひとつ存在する．

(ii)　S が左分母条件をみたすならば，次が成立する：

(1.13)　$A\langle S^{-1}\rangle\otimes_A M$ の任意の元は $\iota(s)^{-1}\kappa(m)$ の形に書ける．

(1.14)　$\kappa(m)=0 \Longleftrightarrow sm=0$ をみたす $s\in S$ が存在する．

［証明］　(i) 写像 $\tau\colon A\langle S^{-1}\rangle\times M\to A\langle S^{-1}\rangle\otimes_A M$，$\varphi\colon A\langle S^{-1}\rangle\times M\to N$ を

$$\tau(x,m)=x\otimes m,\qquad \varphi(x,m)=x\psi(m)$$

で定める．$f\colon A\langle S^{-1}\rangle\otimes_A M\to N$ を $A\langle S^{-1}\rangle$ 加群の準同型写像とする．このとき，$\psi=f\circ\kappa$ と $\varphi=f\circ\tau$ は同値であることが簡単にわかる．よって定理 1.27 により，$\psi=f\circ\kappa$ をみたす f が唯ひとつ存在する．

(ii) 集合 $S\times M$ 上の 2 項関係 $\sim$ を

$$(s,m)\sim(t,n)\Longleftrightarrow cm=dn,\ cs=dt\in S$$ となる $c,d\in A$ が存在する

により定める．このとき，$\sim$ は $S\times M$ 上の同値関係になる．また，同値類の集合 $S\times M/\sim$ 上に $S^{-1}A$ 加群の構造が自然にはいり，$\kappa_0\colon M\to S\times M/\sim$ $(m\mapsto(1,m))$ に関して，$(S\times M/\sim,\kappa_0)$ は (i) で述べた普遍写像性質をみたすことが，命題 1.33 の証明と同様に示せる．したがって，$(S\times M/\sim,\kappa_0)$ は $(A\langle S^{-1}\rangle\otimes_A M,\kappa)$ と同型である．このとき $\sim$ の定義から，(ii) が成立することが容易にわかる． ∎

S が環 A の積閉集合であって左分母条件をみたすとき，A 加群 M に対して，$A\langle S^{-1}\rangle\otimes_A M$ を $S^{-1}M$ とかく．

命題 1.36　S が環 A の積閉集合であって左分母条件をみたすならば，$S^{-1}A$ は，平坦な右 A 加群である．

［証明］　$f\colon M\to N$ を A 加群の単射準同型写像とするとき，対応する $S^{-1}A$ 加群の準同型写像 $\overline{f}\colon S^{-1}M\to S^{-1}N$ がまた単射であることを示せばよい．$\iota(s)^{-1}\kappa(m)\in\operatorname{Ker}\overline{f}$ $(s\in S,\ m\in M)$ とすると，

$$\overline{f}(\iota(s)^{-1}\kappa(m))=\iota(s)^{-1}\kappa(f(m))=0$$

すなわち，$\kappa(f(m))=0$．命題 1.35(ii) により，$tf(m)=f(tm)=0$ をみたす $t\in S$ が存在する．f の単射性により，$tm=0$．したがって，$\iota(s)^{-1}\kappa(m)=\iota(ts)^{-1}\kappa(tm)=0$． ∎

《要約》

1.1　環，左イデアル，右イデアル，イデアル，Noether 環，環の準同型写像，環の同型定理．

1.2　左加群，右加群，両側加群，直積，直和，加群の準同型写像，加群の同型定理，Noethter 加群，完全列．

1.3　生成元と基本関係．

1.4　テンソル積，普遍写像性質，平坦性．

1.5　積閉集合，左分母条件，環の局所化，加群の局所化，普遍写像性質．

演習問題

1.1　環 A のイデアル(左イデアル，右イデアル)のうちで A 以外のもの全部の集合の，包含関係に関する極大元を，A の極大イデアル(極大左イデアル，極大右イデアル)という．A の任意のイデアル(左イデアル，右イデアル) $I\neq A$ に対して，I を含む極大イデアル(極大左イデアル，極大右イデアル)が存在することを示せ．

1.2　環 A のイデアル I であって，ある既約 A 加群 M に対して

$$I = \mathrm{Ann}_A(M) = \{a\in A \mid aM=0\}$$

となるものを原始イデアルと呼ぶ．極大イデアルは原始イデアルであることを示せ．また A が可換環ならば原始イデアルは極大イデアルであることを示せ．

1.3　環 A のイデアル $I\neq A$ に関して以下の2条件は同値であることを示せ．

(i)　A/I のイデアル J_1, J_2 に関して $J_1J_2=0$ ならば，$J_1=0$ または $J_2=0$.

(ii)　$a,b\in A$ に関して $aAb\subset I$ ならば，$a\in I$ または $b\in I$.

(この同値な条件をみたす I を素イデアルという．)

1.4　原始イデアルは素イデアルであることを示せ．

1.5　環 A のイデアル $I\neq A$ に関して以下の条件が成立するとき，I を半素イデアルという：A/I のイデアル J と $n>0$ に関して $J^n=0$ ならば，$J=0$.

このとき次を示せ．

(i)　素イデアルは半素イデアルである．

(ii)　$\{I_\lambda\}_{\lambda\in\Lambda}$ を A の半素イデアルの族とするとき，$\bigcap_{\lambda\in\Lambda} I_\lambda$ は半素イデアル．

1.6　A を環とする．

(i)　A と1対1に対応する集合 $A^{\mathrm{op}}=\{a^\circ \mid a\in A\}$ 上の環構造が

$$a^\circ+b^\circ=(a+b)^\circ, \qquad a^\circ b^\circ=(ba)^\circ$$

により定まることを示せ．

(ii)　右 A 加群 M は，$a^\circ m=ma$ により，左 A^{op} 加群になることを示せ．また，左 A^{op} 加群 M は，$ma=a^\circ m$ により，右 A 加群になることを示せ．

1.7　A,B を環(K 代数)とするとき，加法群(K 上のベクトル空間) $A\otimes_{\mathbb{Z}}B$ ($A\otimes_K B$)上の環(K 代数)の構造が

$$(a_1\otimes b_1)(a_2\otimes b_2)=a_1a_2\otimes b_1b_2$$

により一意的に定まることを示せ．

1.8　A,B を環とする．両側 (A,B) 加群 M は，$(a\otimes b^\circ)m=amb$ により $A\otimes_{\mathbb{Z}}$

B^{op} 加群になることを示せ．また，$A\otimes_{\mathbb{Z}}B^{\mathrm{op}}$ 加群 M は，$amb=(a\otimes b^{\circ})m$ により両側 (A, B) 加群になることを示せ．

1.9 $f\colon A\to B$ を環の準同型写像とする．A 加群 M と B 加群 N に対して

$$\mathrm{Hom}_A(M, N)\simeq \mathrm{Hom}_B(B\otimes_A M, N)$$

を示せ．

1.10 S を環 A の積閉集合とする．任意の $s\in S$ と任意の $a\in A$ に対して，$(\mathrm{ad}(s)^n)(a)=0$ となる $n>0$ が存在するとき，S は左分母条件をみたすことを示せ．ただし $a\in A$ に対して $\mathrm{ad}(a)\colon A\to A$ は $(\mathrm{ad}(a))(b)=ab-ba$ で定めるものとする．

1.11 K を体，$A=M_n(K)$ とする．K^n を縦ベクトルの全体とみたものを M，横ベクトルの全体とみたものを N とする．このとき，$N\otimes_A M\simeq K$ を示せ．

2 ホモロジー代数

ホモロジー代数は，幾何学的図形の性質を代数的な言葉で表す(コ)ホモロジー群の理論に端を発するが，位相幾何学のみならず，代数幾何，環論，代数解析，表現論などの様々な分野で，強力な道具としての役割を果たしてきている．20世紀の数学を支えた支柱のひとつであると言えるであろう．本書でも，第3章の終盤で効果的に用いられる．

一言で言えば，ホモロジー代数とは，Abel圏の間の左(または右)完全関手の導来関手の理論であるということになる．もちろん，具体的にどのような Abel圏の間のどのような関手を考えるかに応じて，幾何的な考察や解析的な考察が必要になるのであるが，その抽象化された核心は，ほとんど準同型定理のみを繰り返し用いて積み上げられた完全列の理論であり，それがこのように威力を発揮するということは，驚くべきことではないかと思う．

この章では，コホモロジー群，導来関手，スペクトル系列，Ext，Tor 等に関するホモロジー代数の基本事項に関して解説する．環上の加群の圏の間の関手についてのみ述べることにするが，最後の節における Ext に関するいくつかのことと，Tor に関すること以外は，実際には一般の Abel圏の間の左(または右)完全関手に関して成立することばかりである．Abel圏の言葉をご存じの読者は，それを確認しながら読まれるとよいであろう．

§2.1　複　体

この章を通じて A を環とする.

A 加群の族 $\{M^i \mid i \in \mathbb{Z}\}$ と準同型写像 $d_M^i\colon M^i \to M^{i+1}$ の族 $\{d_M^i \mid i \in \mathbb{Z}\}$ があって, $d_M^{i+1} \circ d_M^i = 0$ が任意の i に関して成立しているとき, 組 $M^\bullet = (\{M^i\}, \{d_M^i\})$ を A 加群の**複体**(complex)と呼ぶ. 図式的に表すと

$$\cdots \xrightarrow{d_M^{i-2}} M^{i-1} \xrightarrow{d_M^{i-1}} M^i \xrightarrow{d_M^i} M^{i+1} \xrightarrow{d_M^{i+1}} \cdots \qquad (d_M^{i+1} \circ d_M^i = 0)$$

となる.

$M^\bullet, N^\bullet$ を複体とする. 各 i ごとに A 加群の準同型写像 $f^i\colon M^i \to N^i$ が与えられていて, $d_N^i \circ f^i = f^{i+1} \circ d_M^i$ が任意の i に関して成立しているとき, すなわち

$$\begin{array}{ccccccc}
\cdots & \xrightarrow{d_M^{i-1}} & M^i & \xrightarrow{d_M^i} & M^{i+1} & \xrightarrow{d_M^{i+1}} & \cdots \\
 & & \downarrow{\scriptstyle f^i} & & \downarrow{\scriptstyle f^{i+1}} & & \\
\cdots & \xrightarrow{d_N^{i-1}} & N^i & \xrightarrow{d_N^i} & N^{i+1} & \xrightarrow{d_N^{i+1}} & \cdots
\end{array}$$

が可換図式になるとき, $f^\bullet = \{f^i\}_{i \in \mathbb{Z}}$ を複体 $M^\bullet$ から複体 $N^\bullet$ への**準同型写像**(homomorphism)といい, $f^\bullet\colon M^\bullet \to N^\bullet$ と書く. 複体 $M^\bullet$ から複体 $N^\bullet$ への準同型写像の全体を $\mathrm{Hom}(M^\bullet, N^\bullet)$ で表す. これは自然な加法に関して加群になる. $\mathrm{id}_{M^\bullet} = \{\mathrm{id}_{M^i}\} \in \mathrm{Hom}(M^\bullet, M^\bullet)$ を複体 $M^\bullet$ の恒等写像と呼ぶ. $f^\bullet \in \mathrm{Hom}(M^\bullet, N^\bullet)$ と $g^\bullet \in \mathrm{Hom}(L^\bullet, M^\bullet)$ との合成 $f^\bullet \circ g^\bullet \in \mathrm{Hom}(L^\bullet, N^\bullet)$ が $f^\bullet \circ g^\bullet = \{f^i \circ g^i\}$ により定まる.

複体 $M^\bullet$ は, 十分大きなすべての i に対して $M^i = 0$ となるとき**上に有界**(bounded above)であるといい, 十分小さなすべての i に対して $M^i = 0$ となるとき**下に有界**(bounded below)であるという. また上下に有界な複体を単に**有界**(bounded)であるという.

A 加群 L, M, N と $f \in \mathrm{Hom}_A(L, M)$, $g \in \mathrm{Hom}_A(M, N)$ に関して $g \circ f = 0$ が成立しているとき,

$$H\left(L \xrightarrow{f} M \xrightarrow{g} N\right) := \operatorname{Ker} g / \operatorname{Im} f$$

とおき，これを $L \xrightarrow{f} M \xrightarrow{g} N$ のコホモロジー加群と呼ぶ．また，複体 $M^\bullet$ に対して

$$H^i(M^\bullet) = H\left(M^{i-1} \xrightarrow{d_M^{i-1}} M^i \xrightarrow{d_M^i} M^{i+1}\right)$$

を $M^\bullet$ の i 次の**コホモロジー加群**(cohomology module)と呼ぶ．

複体の準同型写像 $f^\bullet \colon M^\bullet \to N^\bullet$ に対して，コホモロジー加群の間の準同型写像 $H^i(M^\bullet) \to H^i(N^\bullet)$ が

$$H^i(M^\bullet) = \operatorname{Ker} d_M^i / \operatorname{Im} d_M^{i-1} \ni \overline{m} \mapsto \overline{f^i(m)} \in \operatorname{Ker} d_N^i / \operatorname{Im} d_N^{i-1} = H^i(N^\bullet)$$

により矛盾なく定まる．これを $H^i(f^\bullet) \colon H^i(M^\bullet) \to H^i(N^\bullet)$ と記す．このとき

(i)　$H^i(\mathrm{id}_{M^\bullet}) = \mathrm{id}_{H^i(M^\bullet)}$,

(ii)　$H^i(f^\bullet) \circ H^i(g^\bullet) = H^i(f^\bullet \circ g^\bullet)$

が成立する．

複体 $M^\bullet$ と $n \in \mathbb{Z}$ に対して，新たな複体 $M^\bullet[n] = K^\bullet$ を

$$K^i = M^{i+n}, \qquad d_K^i = (-1)^n d_M^{i+n}$$

により定める．また，複体の準同型写像 $f^\bullet \colon L^\bullet \to M^\bullet$ に対して，$f^\bullet[n] = k^\bullet \colon L^\bullet[n] \to M^\bullet[n]$ を $k^i = f^{i+n}$ により定める．

$f^\bullet$，$g^\bullet \in \operatorname{Hom}(M^\bullet, N^\bullet)$ に関して，$H^i(f^\bullet) = H^i(g^\bullet)$ が任意の i について成り立つためのひとつの十分条件として，ホモトピー同値の概念を導入しよう．

$f^\bullet$, $g^\bullet \in \operatorname{Hom}(M^\bullet, N^\bullet)$ とする．準同型写像の族 $u^i \colon M^i \to N^{i-1}$ $(i \in \mathbb{Z})$ であって任意の i に関して $d_N^{i-1} \circ u^i + u^{i+1} \circ d_M^i = f^i - g^i$ をみたすものが存在するとき，$f^\bullet \sim g^\bullet$ と書く．また，$u^\bullet = \{u^i\}_{i \in \mathbb{Z}}$ を $f^\bullet$ から $g^\bullet$ への**ホモトピー作用素**(homotopy operator)という．$\sim$ は $\operatorname{Hom}(M^\bullet, N^\bullet)$ 上の同値関係になることが容易に分かる．$f^\bullet \sim g^\bullet$ のとき，$f^\bullet$ と $g^\bullet$ は**ホモトピー同値**(homotopic)であるという．$f^\bullet$ を含むホモトピー同値類を $[f^\bullet]$ と書くとき，同値類の集合

$$\overline{\mathrm{Hom}}(M^\bullet, N^\bullet) := \mathrm{Hom}(M^\bullet, N^\bullet)/\sim$$

上の加法が $[f^\bullet]+[g^\bullet]=[f^\bullet+g^\bullet]$ により矛盾なく定まり，$\overline{\mathrm{Hom}}(M^\bullet, N^\bullet)$ は加法群になる．また，写像の合成

$$\mathrm{Hom}(M^\bullet, N^\bullet)\times \mathrm{Hom}(L^\bullet, M^\bullet) \to \mathrm{Hom}(L^\bullet, N^\bullet)$$

から

$$\overline{\mathrm{Hom}}(M^\bullet, N^\bullet)\times \overline{\mathrm{Hom}}(L^\bullet, M^\bullet) \to \overline{\mathrm{Hom}}(L^\bullet, N^\bullet)$$

が自然に定まる．

次は容易に示せる．

命題 2.1　$f^\bullet$, $g^\bullet \in \mathrm{Hom}(M^\bullet, N^\bullet)$ に関して $f^\bullet \sim g^\bullet$ ならば，任意の i に関して $H^i(f^\bullet)=H^i(g^\bullet)$ が成り立つ．　□

$f^\bullet \in \mathrm{Hom}(M^\bullet, N^\bullet)$ に対して，$g^\bullet \in \mathrm{Hom}(N^\bullet, M^\bullet)$ であって

$$f^\bullet \circ g^\bullet \sim \mathrm{id}_{N^\bullet}, \qquad g^\bullet \circ f^\bullet \sim \mathrm{id}_{M^\bullet}$$

をみたすものが存在するとき，$f^\bullet$ を**ホモトピー同型写像**(homotopy equivalence)と呼ぶ．また，複体 $M^\bullet$, $N^\bullet$ に対してホモトピー同型写像 $f^\bullet\colon M^\bullet \to N^\bullet$ が存在するとき，$M^\bullet$ と $N^\bullet$ は**ホモトピー同型**(homotopy equivalent)であるという．命題 2.1 により，ホモトピー同型写像 $f^\bullet \in \mathrm{Hom}(M^\bullet, N^\bullet)$ はコホモロジー群の同型写像 $H^i(f^\bullet)\colon H^i(M^\bullet) \to H^i(N^\bullet)$ を導く．より一般に複体の準同型写像 $f^\bullet\colon M^\bullet \to N^\bullet$ であって，任意の i に対して $H^i(f^\bullet)\colon H^i(M^\bullet) \to H^i(N^\bullet)$ が同型写像になるようなものを**擬同型写像**(quasi-isomorphism)と呼ぶ．複体の準同型写像に関して次の系列 がある．

$$\text{同型写像} \Longrightarrow \text{ホモトピー同型写像} \Longrightarrow \text{擬同型写像}.$$

複体とその間の準同型写像からなる図式

$$\begin{array}{ccc} K^\bullet & \xrightarrow{f^\bullet} & L^\bullet \\ {\scriptstyle a^\bullet}\downarrow & & \downarrow{\scriptstyle b^\bullet} \\ M^\bullet & \xrightarrow{g^\bullet} & N^\bullet \end{array}$$

において $b^\bullet \circ f^\bullet \sim g^\bullet \circ a^\bullet$ が成立しているとき，これを複体の**ホモトピー可換図式**(homotopy commutative diagram)と呼ぶ．

一般に，複体の準同型写像 $f^\bullet\colon L^\bullet \to M^\bullet$, $g^\bullet\colon M^\bullet \to N^\bullet$ があって，各 $n \in$

$\mathbb{Z}$ に対して $0 \to L^n \xrightarrow{f^n} M^n \xrightarrow{g^n} N^n \to 0$ が短完全列になっているとき,

$$0 \to L^\bullet \xrightarrow{f^\bullet} M^\bullet \xrightarrow{g^\bullet} N^\bullet \to 0$$

を複体の**短完全列**(short exact sequence)という.

複体の短完全列から定まる長完全列について述べよう. 次の補題が基本的である. 証明は簡単なので略す.

補題 2.2 (**蛇の補題**, snake lemma) 可換図式

$$\begin{array}{ccccccc} & & L^0 & \xrightarrow{\varphi_0} & M^0 & \xrightarrow{\psi_0} & N^0 & \to & 0 \\ & & {\scriptstyle f}\downarrow & & {\scriptstyle g}\downarrow & & {\scriptstyle h}\downarrow & & \\ 0 & \to & L^1 & \xrightarrow[\varphi_1]{} & M^1 & \xrightarrow[\psi_1]{} & N^1 & & \end{array}$$

において上下の列は完全列であるとする. このとき, 準同型写像 δ: $\operatorname{Ker} h \to \operatorname{Cok} f = L^1/\operatorname{Im} f$ が次の手順で定まる. $x \in \operatorname{Ker} h$ とする. $\psi_0(y) = x$ となる $y \in M^0$ をひとつ選ぶ. $\psi_1(g(y)) = h(x) = 0$ なので, $\varphi_1(z) = g(y)$ なる $z \in L^1$ が決まる. このとき, $\delta(x) = \overline{z} \in \operatorname{Cok} f$ は y の選び方によらずに一意的に定まる.

またこのとき

$$\operatorname{Ker} f \to \operatorname{Ker} g \to \operatorname{Ker} h \xrightarrow{\delta} \operatorname{Cok} f \to \operatorname{Cok} g \to \operatorname{Cok} h$$

は完全列になる. □

命題 2.3

(i) 複体の短完全列 $0 \to L^\bullet \xrightarrow{f^\bullet} M^\bullet \xrightarrow{g^\bullet} N^\bullet \to 0$ があるとき, 各 i に対して準同型写像 δ^i: $H^i(N^\bullet) \to H^{i+1}(L^\bullet)$ が自然に定まり, コホモロジー加群の長完全列

$$\begin{aligned} \cdots\cdots &\xrightarrow{\delta^{i-1}} H^i(L^\bullet) \xrightarrow{H^i(f^\bullet)} H^i(M^\bullet) \xrightarrow{H^i(g^\bullet)} H^i(N^\bullet) \\ &\xrightarrow{\delta^i} H^{i+1}(L^\bullet) \xrightarrow{H^{i+1}(f^\bullet)} H^{i+1}(M^\bullet) \xrightarrow{H^{i+1}(g^\bullet)} H^{i+1}(N^\bullet) \\ &\xrightarrow{\delta^{i+1}} \cdots\cdots \end{aligned}$$

が定まる.

(ii) 複体のホモトピー可換図式

$$\begin{array}{ccccccccc} 0 & \to & L^\bullet & \to & M^\bullet & \to & N^\bullet & \to & 0 \\ & & \downarrow{\scriptstyle \xi^\bullet} & & \downarrow{\scriptstyle \varphi^\bullet} & & \downarrow{\scriptstyle \psi^\bullet} & & \\ 0 & \to & P^\bullet & \to & Q^\bullet & \to & R^\bullet & \to & 0 \end{array}$$

において上下の列が完全列であるとする．このとき，次の図式は可換である：

$$\begin{array}{ccc} H^i(N^\bullet) & \xrightarrow{\delta^i} & H^{i+1}(L^\bullet) \\ {\scriptstyle H^i(\psi^\bullet)}\downarrow & & \downarrow{\scriptstyle H^{i+1}(\xi^\bullet)} \\ H^i(R^\bullet) & \xrightarrow{\delta^i} & H^{i+1}(P^\bullet) \end{array}$$

［証明］（i）可換図式

$$\begin{array}{cccccccc} & \mathrm{Cok}\, d_L^{i-1} & \to & \mathrm{Cok}\, d_M^{i-1} & \to & \mathrm{Cok}\, d_N^{i-1} & \to 0 \\ & {\scriptstyle \overline{d}_L}\downarrow & & {\scriptstyle \overline{d}_M}\downarrow & & {\scriptstyle \overline{d}_N}\downarrow & \\ 0 \to & \mathrm{Ker}\, d_L^{i+1} & \to & \mathrm{Ker}\, d_M^{i+1} & \to & \mathrm{Ker}\, d_N^{i+1} & \end{array}$$

において上下の列は完全列．また

$$\mathrm{Ker}\,\overline{d}_L = H^i(L^\bullet), \quad \mathrm{Ker}\,\overline{d}_M = H^i(M^\bullet), \quad \mathrm{Ker}\,\overline{d}_N = H^i(N^\bullet),$$
$$\mathrm{Cok}\,\overline{d}_L = H^{i+1}(L^\bullet), \quad \mathrm{Cok}\,\overline{d}_M = H^{i+1}(M^\bullet), \quad \mathrm{Cok}\,\overline{d}_N = H^{i+1}(N^\bullet)$$

が成り立つ．よって，補題2.2から主張が従う．

（ii）δ^i の定義から容易に確かめることができる． ∎

ここで，複体の解析に有用な写像錐の概念を導入しよう．複体の準同型写像 $f^\bullet\colon L^\bullet \to M^\bullet$ があるとき，新たな複体 $N^\bullet$ が

$$N^i = L^{i+1} \oplus M^i, \qquad d_N^i(l,m) = (-d_L^{i+1}(l), f^{i+1}(l) + d_M^i(m))$$

で定まる．また，複体の準同型写像 $g^\bullet\colon M^\bullet \to N^\bullet$, $h^\bullet\colon N^\bullet \to L^\bullet[1]$ が

$$g^i(m) = (0,m), \qquad h^i(l,m) = l$$

により定まる．このとき3つ組 $(N^\bullet, g^\bullet, h^\bullet)$ を $f^\bullet$ の**写像錐**(mapping cone)と呼ぶ．

次は容易に確かめることができる．

命題 2.4　複体の準同型写像 $f^\bullet\colon L^\bullet \to M^\bullet$ の写像錐を $(N^\bullet, g^\bullet, h^\bullet)$ とする．

このとき，任意の$n\in\mathbb{Z}$に対して，$(N^\bullet[n], g^\bullet[n], (-1)^n h^\bullet[n])$は$f^\bullet[n]\colon L^\bullet[n] \to M^\bullet[n]$の写像錐と同型である． □

命題 2.5 $f^\bullet\colon L^\bullet\to M^\bullet$の写像錐を$(N^\bullet, g^\bullet, h^\bullet)$とする．$h^\bullet\colon N^\bullet\to L^\bullet[1]$の写像錐を$(S^\bullet, a^\bullet, b^\bullet)$とするとき，ホモトピー同型写像$\varphi^\bullet\colon M^\bullet\to S^\bullet[-1]$であって次の図式がホモトピー可換になるものが存在する：

$$\begin{array}{ccccccc}
L^\bullet & \xrightarrow{f^\bullet} & M^\bullet & \xrightarrow{g^\bullet} & N^\bullet & \xrightarrow{h^\bullet} & L^\bullet[1] \\
{\scriptstyle \mathrm{id}}\downarrow & & {\scriptstyle \varphi^\bullet}\downarrow & & {\scriptstyle \mathrm{id}}\downarrow & & \downarrow{\scriptstyle \mathrm{id}} \\
L^\bullet & \xrightarrow{a^\bullet[-1]} & S^\bullet[-1] & \xrightarrow{b^\bullet[-1]} & N^\bullet & \xrightarrow{h^\bullet} & L^\bullet[1]
\end{array}$$

［証明］ $T^\bullet = S^\bullet[-1]$とおく．定義から$T^n = L^{n+1}\oplus M^n\oplus L^n$である．

$$\varphi^n\colon\ M^n \to T^n \qquad (m\mapsto (0,m,0)),$$
$$\psi^n\colon\ T^n \to M^n \qquad ((l,m,l')\mapsto m+f^n(l'))$$

により，複体の準同型写像$\varphi^\bullet\colon M^\bullet\to T^\bullet$，$\psi\colon T^\bullet\to M^\bullet$が定まる．このとき$\psi^\bullet\circ a^\bullet[-1] = f^\bullet$，$b^\bullet[-1]\circ\varphi^\bullet = g^\bullet$，$\psi^\bullet\circ\varphi^\bullet = \mathrm{id}_{M^\bullet}$は容易に分かる．$u^n\colon T^n\to T^{n-1}$を$u^n(l,m,l') = (l',0,0)$で定めるとき，$d_T^{n-1}\circ u^n + u^{n+1}\circ d_T^n = \varphi^n\circ\psi^n - \mathrm{id}$となり，$\varphi^\bullet\circ\psi^\bullet\sim\mathrm{id}_{T^\bullet}$が分かる．よって$\varphi^\bullet$はホモトピー同型写像である．また，$\varphi^\bullet\circ f^\bullet = \varphi^\bullet\circ\psi^\bullet\circ a^\bullet[-1]\sim\mathrm{id}_{T^\bullet}\circ a^\bullet[-1] = a^\bullet[-1]$なので，上の図式はホモトピー可換になる． ■

次も命題2.5と同様にして示すことができる．

命題 2.6 $f^\bullet\colon L^\bullet\to M^\bullet$の写像錐を$(N^\bullet, g^\bullet, h^\bullet)$とする．$g^\bullet\colon M^\bullet\to N^\bullet$の写像錐を$(R^\bullet, a^\bullet, b^\bullet)$とするとき，ホモトピー同型写像$\psi^\bullet\colon L^\bullet[1]\to R^\bullet$であって次の図式がホモトピー可換になるものが存在する：

$$\begin{array}{ccccccc}
L^\bullet & \xrightarrow{f^\bullet} & M^\bullet & \xrightarrow{g^\bullet} & N^\bullet & \xrightarrow{h^\bullet} & L^\bullet[1] \\
{\scriptstyle \psi^\bullet[-1]}\downarrow & & {\scriptstyle \mathrm{id}}\downarrow & & {\scriptstyle \mathrm{id}}\downarrow & & \downarrow{\scriptstyle \psi^\bullet} \\
R^\bullet[-1] & \xrightarrow{b^\bullet[-1]} & M^\bullet & \xrightarrow{g^\bullet} & N^\bullet & \xrightarrow{a^\bullet} & R^\bullet
\end{array}$$

□

複体の準同型写像$f^\bullet\colon L^\bullet\to M^\bullet$の写像錐を$(N^\bullet, g^\bullet, h^\bullet)$とする．このとき，明らかに

$$0\to M^\bullet\xrightarrow{g^\bullet} N^\bullet\xrightarrow{h^\bullet} L^\bullet[1]\to 0$$

は複体の短完全列である.

以下の事実は容易に示すことができる.

命題 2.7　複体の準同型写像 $f^\bullet\colon L^\bullet \to M^\bullet$ の写像錐を $(N^\bullet, g^\bullet, h^\bullet)$ とし，複体の短完全列

$$0 \to M^\bullet \xrightarrow{g^\bullet} N^\bullet \xrightarrow{h^\bullet} L^\bullet[1] \to 0$$

から定まる長完全列を

$$\begin{array}{llllll} \cdots\cdots & \xrightarrow{\delta^{i-1}} & H^i(M^\bullet) & \xrightarrow{H^i(g^\bullet)} & H^i(N^\bullet) & \xrightarrow{H^i(h^\bullet)} & H^{i+1}(L^\bullet) \\ & \xrightarrow{\delta^i} & H^{i+1}(M^\bullet) & \xrightarrow{H^{i+1}(g^\bullet)} & H^{i+1}(N^\bullet) & \xrightarrow{H^{i+1}(h^\bullet)} & H^{i+2}(L^\bullet) \\ & \xrightarrow{\delta^{i+1}} & \cdots\cdots & & & & \end{array}$$

とする．このとき，$\delta^i = H^{i+1}(f^\bullet)$ が成立する.　□

§2.2　関　　手

左 A 加群の全体を $\mathrm{Mod}(A)$ で，また右 A 加群の全体を $\mathrm{Mod}_r(A)$ で表す. $M \in \mathrm{Mod}(A)$ をひとつ固定し，$N \in \mathrm{Mod}(A)$ に対して，$F_M(N) \in \mathrm{Mod}(\mathbb{Z})$ を

$$F_M(N) = \mathrm{Hom}_A(M, N)$$

で定める．また $f \in \mathrm{Hom}_A(N_1, N_2)$ に対して，

$$F_M(f) \in \mathrm{Hom}_{\mathbb{Z}}(F_M(N_1), F_M(N_2))$$

を

$$(F_M(f))(g) = f \circ g$$

で定める．このとき以下の条件がみたされる:

（i）　$F_M(\mathrm{id}_N) = \mathrm{id}_{F_M(N)}$,

（ii）　$F_M(g_1 \circ g_2) = F_M(g_1) \circ F_M(g_2)$,

（iii）　$f \mapsto F_M(f)$ は加群の準同型写像である.

より一般に，2つの環 A と B があり，加群の間の対応

$$\mathrm{Mod}(A) \ni N \mapsto F(N) \in \mathrm{Mod}(B)$$

と準同型写像の間の対応

$$\mathrm{Hom}_A(N_1, N_2) \ni f \mapsto F(f) \in \mathrm{Hom}_B(F(N_1), F(N_2))$$

が定まっていて以下の条件がみたされるとき，F を $\mathrm{Mod}(A)$ から $\mathrm{Mod}(B)$ への**加法関手**(additive functor)といい，

$$F\colon \mathrm{Mod}(A) \to \mathrm{Mod}(B)$$

と書く：

（i）$F(\mathrm{id}_N) = \mathrm{id}_{F(N)}$，

（ii）$F(g_1 \circ g_2) = F(g_1) \circ F(g_2)$，

（iii）$f \mapsto F(f)$ は加群の準同型写像である．

加法関手の例としては，上に述べた

$$\mathrm{Hom}_A(M, \bullet) = F_M\colon \mathrm{Mod}(A) \to \mathrm{Mod}(\mathbb{Z})$$

の他，

$$M \otimes_A (\bullet)\colon \mathrm{Mod}(A) \to \mathrm{Mod}(\mathbb{Z})$$

がある．すなわち，右 A 加群 M に対して加法関手 $F = M \otimes_A (\bullet)\colon \mathrm{Mod}(A) \to \mathrm{Mod}(\mathbb{Z})$ が，$\mathrm{Mod}(A) \ni N \mapsto F(N) = M \otimes_A N \in \mathrm{Mod}(\mathbb{Z})$，$\mathrm{Hom}_A(N_1, N_2) \ni f \mapsto F(f) = \mathrm{id}_M \otimes f \in \mathrm{Hom}_B(F(N_1), F(N_2))$ により定まる．同様に，左 A 加群 M に対して加法関手 $(\bullet) \otimes_A M\colon \mathrm{Mod}_r(A) \to \mathrm{Mod}(\mathbb{Z})$ が定まる．

F として $\mathrm{Hom}_A(\bullet, M)$ を考えると，この場合には $f \in \mathrm{Hom}_A(N_1, N_2)$ に対して $F(f) \in \mathrm{Hom}_{\mathbb{Z}}(F(N_2), F(N_1))$ が $(F(f))(g) = g \circ f$ により定まり，次がみたされる：

（i）$F(\mathrm{id}_N) = \mathrm{id}_{F(N)}$，

（ii）$F(g_1 \circ g_2) = F(g_2) \circ F(g_1)$，

（iii）$f \mapsto F(f)$ は加群の準同型写像である．

一般に，このような F を**反変加法関手**(contravariant additive functor)という．はじめに述べた通常の加法関手を反変加法関手と特に区別するときには，共変加法関手という．

補題 2.8　$F\colon \mathrm{Mod}(A) \to \mathrm{Mod}(B)$ を加法関手あるいは反変加法関手とする．

（i）F は零加群 $\{0\}$ を $\{0\}$ に移す．

（ii）$M_1, M_2 \in \mathrm{Mod}(A)$ に対して，$F(M_1 \oplus M_2) \simeq F(M_1) \oplus F(M_2)$ が成り立つ．

［証明］（i）$\mathrm{id}_{F(\{0\})}=F(\mathrm{id}_{\{0\}})=F(0)=0$. したがって $F(\{0\})=\{0\}$ でなければならない.

（ii）$M=M_1\oplus M_2$ とおく. $p_\nu\colon M\to M_\nu$, $i_\nu\colon M_\nu\to M$ $(\nu=1,2)$ を自然な準同型写像とすると,

$$p_\nu\circ i_\nu=\mathrm{id}_{M_\nu},\quad p_\nu\circ i_\mu=0\ (\nu\neq\mu),\quad i_1\circ p_1+i_2\circ p_2=\mathrm{id}_M$$

が成立する. F が加法関手のときは $q_\nu=F(p_\nu)$, $j_\nu=F(i_\nu)$ とし, F が反変加法関手のときは $q_\nu=F(i_\nu)$, $j_\nu=F(p_\nu)$ とすると, $q_\nu\colon F(M)\to F(M_\nu)$, $j_\nu\colon F(M_\nu)\to F(M)$ に対して,

$$q_\nu\circ j_\nu=\mathrm{id}_{F(M_\nu)},\quad q_\nu\circ j_\mu=0\ (\nu\neq\mu),\quad j_1\circ q_1+j_2\circ q_2=\mathrm{id}_{F(M)}$$

が成り立つ. これらの関係式から $F(M_1\oplus M_2)\simeq F(M_1)\oplus F(M_2)$ が容易に分かる. ∎

一般に A 加群の短完全列

$$0\to L\xrightarrow{f}M\xrightarrow{g}N\to 0$$

に関して以下の同値な条件が成り立つとき, これを**分裂短完全列**(split exact sequence)という.

（i） $h\colon N\to M$ であって $g\circ h=\mathrm{id}_N$ をみたすものが存在する.

（ii） $k\colon M\to L$ であって $k\circ f=\mathrm{id}_L$ をみたすものが存在する.

（iii） $M'=L\oplus N$ とおき, $i\colon L\to M'$, $p\colon M'\to N$ を $i(l)=(l,0)$, $p(l,n)=n$ により定める. このとき同型写像 $\varphi\colon M\to M'$ であって

$$\begin{array}{ccccccccc}0&\to&L&\xrightarrow{f}&M&\xrightarrow{g}&N&\to&0\\&&\downarrow{\scriptstyle \mathrm{id}_L}&&\downarrow{\scriptstyle\varphi}&&\downarrow{\scriptstyle \mathrm{id}_N}&&\\0&\to&L&\xrightarrow{i}&M'&\xrightarrow{p}&N&\to&0\end{array}$$

が可換図式となるものが存在する. すなわち, $0\to L\xrightarrow{f}M\xrightarrow{g}N\to 0$ は $0\to L\xrightarrow{i}M'\xrightarrow{p}N\to 0$ と同型である.

補題2.8により, 任意の加法関手は, 分裂短完全列を分裂短完全列に移す.

加法関手 F は, 完全列を完全列に移すとき, すなわち任意の完全列 $L\to M\to N$ に対して $F(L)\to F(M)\to F(N)$ が完全列になるとき, **完全関手**(exact functor)と呼ばれる. また, 反変加法関手であって完全列を(向きが反

対になった)完全列に移すものを**完全反変関手**(contravariant exact functor)と呼ぶ.

補題 2.9 加法関手 F に関して，以下の2条件は同値である:

(i) F は完全関手である.

(ii) F は任意の短完全列を短完全列に移す.

[証明] (i)⇒(ii) は明らかなので，(ii)⇒(i) を示す. F が条件(ii)をみたすとする. このとき，完全列 $L \xrightarrow{f} M \xrightarrow{g} N$ に対して $F(L) \xrightarrow{F(f)} F(M) \xrightarrow{F(g)} F(N)$ が完全列になることを示せばよい. 短完全列

$$0 \to \operatorname{Ker} f \to L \xrightarrow{f_2} \operatorname{Im} f \to 0\,,$$

$$0 \to \operatorname{Im} f \xrightarrow{f_1} M \xrightarrow{g_2} \operatorname{Im} g \to 0\,,$$

$$0 \to \operatorname{Im} g \xrightarrow{g_1} N \to \operatorname{Cok} g \to 0$$

を F で移して短完全列

$$0 \to F(\operatorname{Ker} f) \longrightarrow F(L) \xrightarrow{F(f_2)} F(\operatorname{Im} f) \to 0\,,$$

$$0 \to F(\operatorname{Im} f) \xrightarrow{F(f_1)} F(M) \xrightarrow{F(g_2)} F(\operatorname{Im} g) \to 0\,,$$

$$0 \to F(\operatorname{Im} g) \xrightarrow{F(g_1)} F(N) \longrightarrow F(\operatorname{Cok} g) \to 0$$

を得る. $F(f) = F(f_1 \circ f_2) = F(f_1) \circ F(f_2)$ であるが，$F(f_2)$ は全射なので，$\operatorname{Im} F(f) = \operatorname{Im} F(f_1)$. また $F(g) = F(g_1 \circ g_2) = F(g_1) \circ F(g_2)$ であるが，$F(g_1)$ は単射なので，$\operatorname{Ker} F(g) = \operatorname{Ker} F(g_2)$. したがって $\operatorname{Im} F(f) = \operatorname{Im} F(f_1) = \operatorname{Ker} F(g_2) = \operatorname{Ker} F(g)$. ∎

まったく同様の事実が反変完全関手についても成立する.

一般に，加法関手(反変加法関手)であって，$0 \to N_1 \to N_2 \to N_3$ の形の完全列を完全列に移すもののことを左完全関手(右完全反変関手)と呼ぶ. また，$N_1 \to N_2 \to N_3 \to 0$ の形の完全列を完全列に移すもののことを右完全関手(左完全反変関手)と呼ぶ. 命題 1.17 から $\operatorname{Hom}_A(M, \bullet)$ は左完全関手，$\operatorname{Hom}_A(\bullet, M)$ は左完全反変関手である. また定理 1.28 により $M \otimes_A (\bullet)$ および $(\bullet) \otimes_A M$ は右完全関手である.

§2.3　導来関手

以下の目標は，左完全関手 $F\colon \mathrm{Mod}(A)\to\mathrm{Mod}(B)$ および右完全関手 $G\colon \mathrm{Mod}(A)\to\mathrm{Mod}(B)$ に対して，加法関手 R^iF, $L_iG\colon \mathrm{Mod}(A)\to\mathrm{Mod}(B)$ $(i\geqq 0)$ であって，$R^0F=F$, $L_0G=G$ なるものを導入し，A 加群の任意の短完全列 $0\to N_1\to N_2\to N_3\to 0$ に対して，以下の長完全列の存在を示すことである：

$$\begin{array}{ccccccc} 0 & \to & R^0F(N_1) & \to & R^0F(N_2) & \to & R^0F(N_3) \\ & \to & R^1F(N_1) & \to & R^1F(N_2) & \to & R^1F(N_3) \\ & \to & R^2F(N_1) & \to & R^2F(N_2) & \to & R^2F(N_3) \\ & \to & \cdots\cdots & & & & , \end{array}$$

$$\begin{array}{ccccccc} & & & & \cdots\cdots & \to & \\ L_2F(N_1) & \to & L_2F(N_2) & \to & L_2F(N_3) & \to & \\ L_1F(N_1) & \to & L_1F(N_2) & \to & L_1F(N_3) & \to & \\ L_0F(N_1) & \to & L_0F(N_2) & \to & L_0F(N_3) & \to & 0. \end{array}$$

R^iF, L_iG の構成において入射加群，射影加群が([5]の著者の言葉を借りると)黒衣(くろこ)の役割を果たす．まずこれらについて述べる．

A 加群 I であって $\mathrm{Hom}_A(\bullet, I)\colon \mathrm{Mod}(A)\to\mathrm{Mod}(\mathbb{Z})$ が反変完全関手になるものを，**入射加群**(injective module)と呼ぶ．すなわち，A 加群の単射準同型写像 $f\colon M\to N$ と準同型写像 $g\colon M\to I$ があるとき，準同型写像 $h\colon N\to I$ であって $g=h\circ f$ をみたすものが必ず存在するような I を入射加群と呼ぶ．

また A 加群 P であって $\mathrm{Hom}_A(P,\bullet)\colon \mathrm{Mod}(A)\to\mathrm{Mod}(\mathbb{Z})$ が完全関手になるものを，**射影加群**(projective module)と呼ぶ．すなわち，A 加群の全射準同型写像 $f\colon M\to N$ と準同型写像 $g\colon P\to N$ があるとき，準同型写像 $h\colon P\to M$ であって $g=f\circ h$ をみたすものが必ず存在するような P を射影加群と呼ぶ．

命題 2.10

(i)　A 加群の短完全列 $0\to I\xrightarrow{f} M\xrightarrow{g} N\to 0$ において I が入射加群なら

ば，この短完全列は分裂する．

（ii）　A 加群の短完全列 $0\to I\xrightarrow{f}J\xrightarrow{g}K\to 0$ において I,J が入射加群ならば，K も入射加群である．

（iii）　A 加群の短完全列 $0\to I\xrightarrow{f}J\xrightarrow{g}K\to 0$ において I,K が入射加群ならば，J も入射加群である．

［証明］　(i)　$f\colon I\to M$ は単射準同型写像なので，$\mathrm{id}\colon I\to I$ に対して，$p\circ f=\mathrm{id}$ を満たす $p\colon M\to I$ が存在する．よって $0\to I\xrightarrow{f}M\xrightarrow{g}N\to 0$ は分裂する．

(ii) $h\colon M\to N$ を A 加群の単射準同型写像，$k\colon M\to K$ を A 加群の準同型写像とする．(i) により，$i\colon K\to J$ であって $g\circ i=\mathrm{id}$ となるものが存在する．J は入射加群なので $i\circ k=a\circ h$ をみたす $a\colon N\to J$ が存在する．$b=g\circ a$ とおくとき $b\circ h=k$ なので，K は入射加群である．

(iii) (i)により $J=I\oplus K$ としてよい．よって明らか．　∎

まったく同様に次が示される．

命題 2.11

（i）　A 加群の短完全列 $0\to M\xrightarrow{f}N\xrightarrow{g}P\to 0$ において P が射影加群ならば，この短完全列は分裂する．

（ii）　A 加群の短完全列 $0\to P\xrightarrow{f}Q\xrightarrow{g}R\to 0$ において Q,R が射影加群ならば，P も射影加群である．

（iii）　A 加群の短完全列 $0\to P\xrightarrow{f}Q\xrightarrow{g}R\to 0$ において P,R が射影加群ならば，Q も射影加群である．　□

命題 2.12　A 加群 P に関して以下の 2 条件は同値である．

（i）　P は射影加群である．

（ii）　P は自由加群の直和因子である．すなわち，自由 A 加群 F と A 加群 Q であって $F=P\oplus Q$ をみたすものが存在する．

［証明］　P が射影加群であるとする．自由 A 加群 F と全射準同型写像 $p\colon F\to P$ が取れる．このとき射影加群の定義から，準同型写像 $i\colon P\to F$ であって $p\circ i=\mathrm{id}$ をみたすものが存在する．そこで $Q=\mathrm{Ker}\,p$ とおけば $F=P\oplus Q$ が成立する．

逆に，$F=P\oplus Q$ をみたす自由 A 加群 F と A 加群 Q が存在するとする．$f\colon M\to N$ を全射準同型写像，$g\colon P\to N$ を準同型写像とする．$p\colon F\to P$ を射影とし，$g\circ p\colon F\to N$ を考える．F の基底 $\{x_\lambda\,|\,\lambda\in\Lambda\}$ をひとつ選ぶ．f は全射なので，各 $\lambda\in\Lambda$ に対して $f(m_\lambda)=g\circ p(x_\lambda)$ をみたす $m_\lambda\in M$ がとれる．そこで $k\colon F\to M$ を $k(x_\lambda)=m_\lambda$ により定め，その P への制限を $h\colon P\to M$ とすると，$g=f\circ h$ が成り立つ．よって P は射影加群である． ∎

命題 2.13　任意の A 加群 M に対して，入射加群 I と単射準同型 $i\colon M\to I$ がとれる．

［証明］　まず $\mathbb{Z}$ 加群 $\mathbb{Q}/\mathbb{Z}$ が入射 $\mathbb{Z}$ 加群であることを示そう．M を $\mathbb{Z}$ 加群，N をその部分加群とするとき，任意の $\mathbb{Z}$ 加群の準同型写像 $f\colon N\to\mathbb{Q}/\mathbb{Z}$ が M まで拡張できることを示せばよい．N_1 を M の部分加群で $N\subset N_1\neq M$ なるものとし，f が $f_1\colon N_1\to\mathbb{Q}/\mathbb{Z}$ に拡張できているものとする．このとき，$x\in M\setminus N_1$ に対して f_1 が $N_1+\mathbb{Z}x$ まで拡張できることを示せばよい (Zorn の補題)．したがって $f_1|N_1\cap\mathbb{Z}x$ が $\mathbb{Z}x$ まで拡張できることを示せばよい．$\{m\in\mathbb{Z}\,|\,mx\in N_1\}=\mathbb{Z}d$ ($d=0$ または $d>1$) と書ける．$f_1(dx)=du$ なる $u\in\mathbb{Q}/\mathbb{Z}$ をひとつ選ぶ．このとき $f_2\colon\mathbb{Z}x\to\mathbb{Q}/\mathbb{Z}$ が $f_2(mx)=mu$ により矛盾なく定まり，これが条件をみたす．

次に $I(A)=\mathrm{Hom}_{\mathbb{Z}}(A,\mathbb{Q}/\mathbb{Z})$ を $(a\varphi)(b)=\varphi(ba)$ により A 加群とみなすとき，これが入射 A 加群になることを示そう．M を A 加群，N をその部分 A 加群とするとき，任意の準同型写像 $f\colon N\to I(A)$ が M まで拡張できることを示せばよい．$h\colon N\to\mathbb{Q}/\mathbb{Z}$ を $h(n)=(f(n))(1)$ で定める．$\mathbb{Q}/\mathbb{Z}$ は入射 $\mathbb{Z}$ 加群なので $\mathbb{Z}$ 加群の準同型写像 $k\colon M\to\mathbb{Q}/\mathbb{Z}$ であって $k|N=h$ をみたすものが存在する．このとき A 加群の準同型写像 $g\colon M\to I(A)$ が $(g(m))(a)=k(am)$ により矛盾なく定まり，$g|N=f$ が成立する．

M を A 加群とする．各 $\varphi\in\mathrm{Hom}_A(M,I(A))$ に対して $I(A)$ のコピー $I(A)_\varphi$ を用意し，それらの直積 $I=\prod_\varphi I(A)_\varphi$ を考える．このとき自然な準同型写像 $i\colon M\to I$ が定まる．$I(A)$ は入射 A 加群なので I も入射 A 加群である．したがって i が単射であることを示せばよい．すなわち，任意の $m\in M\setminus 0$ に対して $\varphi(m)\neq 0$ なる $\varphi\in\mathrm{Hom}_A(M,I(A))$ が存在することを示せばよい．$I(A)$ は

入射加群なので $M=A/J$, $m=\bar{1}$ (J は A の左イデアル) としてよい．$\mathbb{Q}/\mathbb{Z}$ の入射性の証明の論法により $\xi\in I(A)$ であって $\xi(J)=0$, $\xi(1)\neq 0$ なるものが存在する．このとき，$\varphi\in \mathrm{Hom}_A(A/J, I(A))$ が $\varphi(1)=\xi$ により定まり，条件をみたす．■

命題 2.14　任意の A 加群 M に対して，射影加群 P と全射準同型 $p\colon P\to M$ がとれる．

［証明］　M の生成系 $\{m_\lambda\mid\lambda\in\Lambda\}$ をひとつ選ぶ．$\{x_\lambda\mid\lambda\in\Lambda\}$ を基底とする自由 A 加群を P とし $p\colon P\to M$ を $p(x_\lambda)=m_\lambda$ により定めると，明らかに p は全射準同型写像である．ところが命題 2.12 により，自由加群は射影加群である．よって示された．■

複体 $M^\bullet$ であって各 M^i が入射加群になるものを入射複体，また射影加群になるものを射影複体と呼ぶ．

命題 2.15　$M^\bullet$ を下に有界な A 加群の複体とする．このとき，下に有界な入射複体 $I^\bullet$ と擬同型写像 $\epsilon^\bullet\colon M^\bullet\to I^\bullet$ がとれる．

［証明］　I^i および ϵ^i を i に関して帰納的に構成する．入射加群 I^k ($k\leqq i$) と可換図式

$$\begin{array}{ccccccccc}
\cdots & \xrightarrow{d_M^{i-2}} & M^{i-1} & \xrightarrow{d_M^{i-1}} & M^i & \xrightarrow{d_M^i} & M^{i+1} & \xrightarrow{d_M^{i+1}} & \cdots \\
 & & \downarrow{\scriptstyle \epsilon^{i-1}} & & \downarrow{\scriptstyle \epsilon^i} & & & & \\
\cdots & \xrightarrow{d_I^{i-2}} & I^{i-1} & \xrightarrow{d_I^{i-1}} & I^i & & & &
\end{array}$$

であって，

(2.1)　$$d_I^k\circ d_I^{k-1}=0 \qquad (k\leqq i-1)$$

(2.2)　$$\mathrm{Ker}\, d_M^k/\mathrm{Im}\, d_M^{k-1}\simeq \mathrm{Ker}\, d_I^k/\mathrm{Im}\, d_I^{k-1} \qquad (k\leqq i-1)$$

(2.3)　$$\mathrm{Ker}\, d_M^i/\mathrm{Im}\, d_M^{i-1}\hookrightarrow I^i/\mathrm{Im}\, d_I^{i-1}$$

をみたすものが与えられているとする．

$$\bar{d}\colon M^i/\mathrm{Im}\, d_M^{i-1}\to \mathrm{Ker}\, d_M^{i+1}, \qquad \bar{\epsilon}\colon M^i/\mathrm{Im}\, d_M^{i-1}\to I^i/\mathrm{Im}\, d_I^{i-1}$$

および

$$(\bar{d}, -\bar{\epsilon})\colon M^i/\mathrm{Im}\, d_M^{i-1}\to \mathrm{Ker}\, d_M^{i+1}\oplus (I^i/\mathrm{Im}\, d_I^{i-1})$$

を自然な準同型写像とし，

$$K=(\operatorname{Ker} d_M^{i+1}\oplus(I^i/\operatorname{Im} d_I^{i-1}))/\operatorname{Im}(\overline{d},-\overline{\epsilon})$$

とおくとき，自然に可換図式

$$\begin{array}{ccc} M^i/\operatorname{Im} d_M^{i-1} & \xrightarrow{\overline{d}} & \operatorname{Ker} d_M^{i+1} \\ {\scriptstyle\overline{\epsilon}}\downarrow & & \downarrow{\scriptstyle f} \\ I^i/\operatorname{Im} d_I^{i-1} & \xrightarrow{d} & K \end{array}$$

が得られる．構成から $\operatorname{Ker} d_M^{i+1}/\operatorname{Im}\overline{d}\simeq K/\operatorname{Im} d$，また $\operatorname{Ker}\overline{d}\to\operatorname{Ker} d$ は全射になるが(2.3)により，$\operatorname{Ker}\overline{d}\simeq\operatorname{Ker} d$ が従う．入射加群 I^{i+1} と単射準同型写像 $h\colon K\to I^{i+1}$ をとる．$j\colon\operatorname{Ker} d_M^{i+1}\to M^{i+1}$ を埋め込み写像とすると，入射加群の定義より次の図式を可換にする $\epsilon^{i+1}\colon M^{i+1}\to I^{i+1}$ が存在する：

$$\begin{array}{ccc} \operatorname{Ker} d_M^{i+1} & \xrightarrow{j} & M^{i+1} \\ {\scriptstyle f}\downarrow & & \downarrow{\scriptstyle \epsilon^{i+1}} \\ K & \xrightarrow{h} & I^{i+1} \end{array}$$

$d_I^i\colon I^i\to I^{i+1}$ を $h\circ d$ により導かれる自然な準同型写像とすると明らかに $d_I^i\circ d_I^{i-1}=0$，$\epsilon^{i+1}\circ d_M^i=d_I^i\circ\epsilon^i$．また

$$\operatorname{Ker} d_M^i/\operatorname{Im} d_M^{i-1}\simeq\operatorname{Ker}\overline{d}\simeq\operatorname{Ker} d\simeq\operatorname{Ker} d_I^i/\operatorname{Im} d_I^{i-1},$$
$$\operatorname{Ker} d_M^{i+1}/\operatorname{Im} d_M^i\simeq\operatorname{Ker} d_M^{i+1}/\operatorname{Im}\overline{d}\simeq K/\operatorname{Im} d\hookrightarrow I^{i+1}/\operatorname{Im} d_I^i.$$

よって I^{i+1}, ϵ^{i+1}, d_I^i は条件をみたす． ∎

上の命題の $\epsilon^\bullet\colon M^\bullet\to I^\bullet$ を $M^\bullet$ の**入射分解**(injective resolution)という．証明から明らかであるが，$i_0\in\mathbb{Z}$ に対して $M^i=0\ (i<i_0)$ ならば $I^i=0\ (i<i_0)$ となるようにできる．

$F\colon\operatorname{Mod}(A)\to\operatorname{Mod}(B)$ を左完全関手とする．$M\in\operatorname{Mod}(A)$ を0次に集中した複体

$$\cdots\to 0\to 0\to M\to 0\to 0\to\cdots$$

とみなして，その入射分解 $\epsilon^\bullet\colon M\to I^\bullet$ をひとつ選ぶ．このとき $I^\bullet$ を F で移して得られる複体

$$F(I^\bullet) = \left(\cdots \xrightarrow{F(d_I^{i-1})} F(I^i) \xrightarrow{F(d_I^i)} F(I^{i+1}) \xrightarrow{F(d_I^{i+1})} \cdots\right)$$

の i 次のコホモロジー加群

$$H^i(F(I^\bullet)) = \mathrm{Ker}(F(d_I^i))/\mathrm{Im}(F(d_I^{i-1}))$$

を $(R^iF)(M)$ として加法関手 R^iF を定めたいのだが，それにはこれが M の入射分解の選び方によらないことを言わなければならない．

次の事実が基本的である．

命題 2.16　$M^\bullet$, $N^\bullet$, $I^\bullet$ は下に有界な複体で，さらに $I^\bullet$ は入射複体であるとする．また擬同型写像 $s^\bullet\colon M^\bullet \to N^\bullet$ と準同型写像 $f^\bullet\colon M^\bullet \to I^\bullet$ が与えられているとする．このとき，準同型写像 $g^\bullet\colon N^\bullet \to I^\bullet$ であって $g^\bullet \circ s^\bullet \sim f^\bullet$ をみたすものが，ホモトピー同値を除いて一意的に存在する．

［証明］　$s^\bullet$ によりひきおこされる写像

$$\overline{\mathrm{Hom}}(N^\bullet, I^\bullet) \to \overline{\mathrm{Hom}}(M^\bullet, I^\bullet)$$

が全単射であることを示せばよい．

一般に

$$C^n = \prod_{p\in\mathbb{Z}} \mathrm{Hom}_A(X^p, Y^{p+n}),$$

$$d_C^n(\{f^p\}_p) = \{d_Y^{p+n} \circ f^p + (-1)^{n+1} f^{p+1} \circ d_X^p\}_p$$

で定まる $\mathbb{Z}$ 加群の複体を $\mathrm{Hom}^\bullet(X^\bullet, Y^\bullet)$ と書くとき，

$$H^n(\mathrm{Hom}^\bullet(X^\bullet, Y^\bullet)) = \overline{\mathrm{Hom}}(X^\bullet, Y^\bullet[n])$$

が成り立つ．また A 加群の複体の準同型写像 $X^\bullet \to Z^\bullet$ は $\mathbb{Z}$ 加群の複体の準同型写像 $\mathrm{Hom}^\bullet(Z^\bullet, Y^\bullet) \to \mathrm{Hom}^\bullet(X^\bullet, Y^\bullet)$ を導く．

いま $s^\bullet$ の写像錐を $(L^\bullet, a^\bullet, b^\bullet)$ とすると，$0 \to N^\bullet \xrightarrow{a^\bullet} L^\bullet \xrightarrow{b^\bullet} M^\bullet[1] \to 0$ は複体の短完全列で，さらに $0 \to N^n \xrightarrow{a^n} L^n \xrightarrow{b^n} M^{n+1} \to 0$ は分裂短完全列になっている．このことから

$$0 \to \mathrm{Hom}^\bullet(M^\bullet[1], I^\bullet) \to \mathrm{Hom}^\bullet(L^\bullet, I^\bullet) \to \mathrm{Hom}^\bullet(N^\bullet, I^\bullet) \to 0$$

は $\mathbb{Z}$ 加群の複体の短完全列であることが分かる（任意の加法関手は分裂短完全列を分裂短完全列に移す）．これから定まる長完全列を考えて，完全列

$$\overline{\mathrm{Hom}}(L^\bullet, I^\bullet) \to \overline{\mathrm{Hom}}(N^\bullet, I^\bullet) \to \overline{\mathrm{Hom}}(M^\bullet, I^\bullet) \to \overline{\mathrm{Hom}}(L^\bullet[-1], I^\bullet)$$

を得る．ここで $\overline{\mathrm{Hom}}(N^\bullet, I^\bullet) \to \overline{\mathrm{Hom}}(M^\bullet, I^\bullet)$ は $s^\bullet$ により導かれるものであることが分かる(命題2.7参照)．一方 $s^\bullet$ は擬同型写像だったので，複体の短完全列 $0 \to N^\bullet \to L^\bullet \to M^\bullet[1] \to 0$ から定まる長完全列を考えると，命題2.7により，任意の i に対して $H^i(L^\bullet) = 0$ となることが分かる．

したがって，任意の i に対して $H^i(K^\bullet) = 0$ をみたす下に有界な複体 $K^\bullet$ に対して $\overline{\mathrm{Hom}}(K^\bullet, I^\bullet) = 0$ となることを示せばよい．

$f^\bullet \in \mathrm{Hom}(K^\bullet, I^\bullet)$ とするときに，$u^n \colon K^n \to I^{n-1}$ $(n \in \mathbb{Z})$ であって，$f^n = d_I^{n-1}u^n + u^{n+1}d_K^n$ をみたすものがとれることを示せばよい．いま $p < n$ に対して u^p が定まっていて $f^{p-1} = d_I^{p-2}u^{p-1} + u^p d_K^{p-1}$ が任意の $p < n$ に対して成立しているとする．このとき $f^{n-1} = d_I^{n-2}u^{n-1} + u^n d_K^{n-1}$ をみたす u^n の存在を示せばよい．

$$(f^{n-1} - d_I^{n-2}u^{n-1})d_K^{n-2} = d_I^{n-2}f^{n-2} - d_I^{n-2}(f^{n-2} - d_I^{n-3}u^{n-2}) = 0$$

と $\mathrm{Im}\, d_K^{n-2} = \mathrm{Ker}\, d_K^{n-1}$ より $f^{n-1} - d_I^{n-2}u^{n-1}|\,\mathrm{Ker}\, d_K^{n-1} = 0$．したがって $u \colon \mathrm{Im}\, d_K^{n-1} \to I^{n-1}$ が $u(d_K^{n-1}(x)) = (f^{n-1} - d_I^{n-2}u^{n-1})(x)$ により矛盾なく定まる．I^{n-1} は入射加群なので u を拡張して $u^n \colon K^n \to I^{n-1}$ が得られる．これが条件をみたすことは明らか． ∎

$F \colon \mathrm{Mod}(A) \to \mathrm{Mod}(B)$ を加法関手とする．A 加群の複体 $M^\bullet$ があるとき，これを F で移して B 加群の複体 $F(M^\bullet) = (\{F(M^i)\}, \{F(d_M^i)\})$ を得る．また，A 加群の複体間の準同型写像 $\varphi^\bullet \colon M^\bullet \to N^\bullet$ があるとき，$F(\varphi^\bullet) \colon F(M^\bullet) \to F(N^\bullet)$ が $F(\varphi^i) \colon F(M^i) \to F(N^i)$ によって定まり，これに関して次が成立する：

(i)　$F(\varphi^\bullet \circ \psi^\bullet) = F(\varphi^\bullet) \circ F(\psi^\bullet)$,

(ii)　$F(\mathrm{id}_{M^\bullet}) = \mathrm{id}_{F(M^\bullet)}$,

(iii)　$\mathrm{Hom}(M^\bullet, N^\bullet) \ni \varphi^\bullet \mapsto F(\varphi^\bullet) \in \mathrm{Hom}(F(M^\bullet), F(N^\bullet))$ は加群の準同型写像である．

次は明らかであろう．

補題 2.17　$F \colon \mathrm{Mod}(A) \to \mathrm{Mod}(B)$ を加法関手とする．A 加群の複体間の準同型写像 $\varphi^\bullet$, $\psi^\bullet \colon \mathrm{Hom}(M^\bullet, N^\bullet)$ に関して $\varphi^\bullet \sim \psi^\bullet$ ならば，$F(\varphi^\bullet) \sim F(\psi^\bullet)$ である． □

以上の準備のもとで，R^iF の正確な定義を述べよう．

F: $\mathrm{Mod}(A) \to \mathrm{Mod}(B)$ を加法関手とする．$M^\bullet$ を A 加群の複体で下に有界なものとする．i_I: $M^\bullet \to I^\bullet$，i_J: $M^\bullet \to J^\bullet$ を共に $M^\bullet$ の入射分解とすると，命題 2.16 により $\varphi^\bullet$: $I^\bullet \to J^\bullet$ であって $\varphi^\bullet \circ i_I^\bullet \sim i_J^\bullet$ をみたすものがホモトピー同値を除いて一意的に定まる．同様に，$\psi^\bullet$: $J^\bullet \to I^\bullet$ であって $\psi^\bullet \circ i_J^\bullet \sim i_I^\bullet$ をみたすものがホモトピー同値を除いて一意的に定まる．一意性により，$\psi^\bullet \circ \varphi^\bullet \sim \mathrm{id}_{I^\bullet}$，$\varphi^\bullet \circ \psi^\bullet \sim \mathrm{id}_{J^\bullet}$．特に $\varphi^\bullet$ はホモトピー同型写像である．これから，補題 2.17 により，ホモトピー同型写像 $F(\varphi^\bullet)$: $F(I^\bullet) \to F(J^\bullet)$ がホモトピー同値を除いて一意的に決まる．よって命題 2.1 により，同型写像 $H^i(F(\varphi^\bullet))$: $H^i(F(I^\bullet)) \to H^i(F(J^\bullet))$ が一意的に定まる．以上により，B 加群 $R^iF(M^\bullet) := H^i(F(I^\bullet))$ が自然な同型を除いて一意的に定まった．

また $f^\bullet$: $M^\bullet \to N^\bullet$ を下に有界な複体の準同型写像とする．$i^\bullet$: $M^\bullet \to I^\bullet$，$j^\bullet$: $N^\bullet \to J^\bullet$ を $M^\bullet$，$N^\bullet$ の入射分解とする．命題 2.16 により，複体の準同型写像 $\varphi^\bullet$: $I^\bullet \to J^\bullet$ であって $\varphi^\bullet \circ i^\bullet = j^\bullet \circ f^\bullet$ をみたすものがホモトピー同値を除いて一意的に定まる．補題 2.17 により，準同型写像 $F(\varphi^\bullet)$: $F(I^\bullet) \to F(J^\bullet)$ がホモトピー同値を除いて一意的に決まる．したがって B 加群の準同型写像 $R^iF(f^\bullet) := H^i(F(\varphi^\bullet))$: $R^iF(M^\bullet) \to R^iF(N^\bullet)$ が一意的に定まる．

次は容易に示せる：

（i）　$R^iF(\varphi^\bullet \circ \psi^\bullet) = R^iF(\varphi^\bullet) \circ R^iF(\psi^\bullet)$,

（ii）　$R^iF(\mathrm{id}_{M^\bullet}) = \mathrm{id}_{R^iF(M^\bullet)}$,

（iii）　$\mathrm{Hom}(M^\bullet, N^\bullet) \ni \varphi^\bullet \mapsto R^iF(\varphi^\bullet) \in \mathrm{Hom}(R^iF(M^\bullet), R^iF(N^\bullet))$ は加群の準同型写像である．

特に，A 加群 M を 0 次に集中した単項複体と思うとき，R^iF: $\mathrm{Mod}(A) \to \mathrm{Mod}(B)$ は加法関手になる．これを加法関手 F の**右導来関手**(right derived functor)と呼ぶ．

命題 2.18　F が左完全関手ならば $R^0F = F$ が成り立つ．さらに F が完全関手ならば $R^iF = 0$ $(i \neq 0)$ である．

［証明］　$M \to I^\bullet$ を $M \in \mathrm{Mod}(A)$ の入射分解とする．$I^n = 0$ $(n < 0)$ としてよい．このとき

$$0 \to M \to I^0 \to I^1 \to I^2 \to \cdots$$

は完全列．F を左完全関手とすると $0 \to F(M) \to F(I^0) \to F(I^1)$ も完全列．したがって

$$R^0F(M) = \mathrm{Ker}(F(I^0) \to F(I^1)) \simeq F(M).$$

また F が完全関手ならば

$$0 \to F(M) \to F(I^0) \to F(I^1) \to F(I^2) \to \cdots$$

は完全列．よって $i>0$ に対して $R^iF(M) = H^i(F(I^\bullet)) = 0$. ■

定理 2.19　$0 \to L^\bullet \xrightarrow{f^\bullet} M^\bullet \xrightarrow{g^\bullet} N^\bullet \to 0$ を下に有界な複体の短完全列とする．また，$i^\bullet\colon L^\bullet \to I^\bullet$ を $L^\bullet$ の入射分解とする．このとき，$M^\bullet$, $N^\bullet$ の入射分解 $j^\bullet\colon M^\bullet \to J^\bullet$, $k^\bullet\colon N^\bullet \to K^\bullet$ と(ホモトピー同値性を考えない)可換図式

$$\begin{array}{ccccccccc}
0 \to & L^\bullet & \xrightarrow{f^\bullet} & M^\bullet & \xrightarrow{g^\bullet} & N^\bullet & \to 0 \\
& {\scriptstyle i^\bullet}\downarrow & & {\scriptstyle j^\bullet}\downarrow & & {\scriptstyle k^\bullet}\downarrow & \\
0 \to & I^\bullet & \xrightarrow{a^\bullet} & J^\bullet & \xrightarrow{b^\bullet} & K^\bullet & \to 0
\end{array}$$

であって，$0 \to I^\bullet \xrightarrow{a^\bullet} J^\bullet \xrightarrow{b^\bullet} K^\bullet \to 0$ が複体の短完全列になっているようなものが存在する．

［証明］ $\tilde{j}^\bullet\colon M^\bullet \to \tilde{J}^\bullet$ を $M^\bullet$ の入射分解とする．命題 2.16 により $\tilde{a}^\bullet\colon I^\bullet \to \tilde{J}^\bullet$ であって $\tilde{a}^\bullet \circ i^\bullet \sim \tilde{j}^\bullet \circ f^\bullet$ をみたすものが取れる．$\tilde{a}^\bullet$ の写像錐を $(\tilde{K}^\bullet, \tilde{b}^\bullet, c^\bullet)$, $c^\bullet$ の写像錐を $(J[1]^\bullet, a[1]^\bullet, \overline{b}^\bullet)$ とすると，命題 2.5 により，ホモトピー同型写像 $\varphi^\bullet\colon \tilde{J}^\bullet \to J^\bullet$ であって $\varphi^\bullet \circ \tilde{a}^\bullet \sim a^\bullet$ をみたすものが取れる．よって，$\overline{j}^\bullet = \varphi^\bullet \circ \tilde{j}^\bullet$ とおくとき，ホモトピー可換図式

$$\begin{array}{ccc}
L^\bullet & \xrightarrow{f^\bullet} & M^\bullet \\
{\scriptstyle i^\bullet}\downarrow & & \downarrow{\scriptstyle \overline{j}^\bullet} \\
I^\bullet & \xrightarrow{a^\bullet} & J^\bullet
\end{array}$$

であって，$\overline{j}^\bullet\colon M^\bullet \to J^\bullet$ は $M^\bullet$ の入射分解で，任意の n について a^n が単射になるようなものが取れる．

したがって，$0 \to I^\bullet \xrightarrow{a^\bullet} J^\bullet \xrightarrow{b^\bullet} K^\bullet \to 0$ が複体の短完全列になっているような $K^\bullet$ と $b^\bullet$ が定まる．命題 2.10 により，$K^\bullet$ は入射複体で，また各 n ごとに

$0 \to I^n \to J^n \to K^n \to 0$ は分裂短完全列になる．

$a^\bullet \circ i^\bullet$ から $\bar{j}^\bullet \circ f^\bullet$ へのホモトピー作用素を $u^\bullet$ とする．$f^n \colon L^n \to M^n$ は単射なので，J^{n-1} の入射性により，$u^n = v^n \circ f^n$ をみたす $v^n \colon M^n \to J^{n-1}$ が取れる．そこで，$j^n \colon M^n \to J^n$ を $j^n = \bar{j}^n + d_J^{n-1} \circ v^n + v^{n+1} \circ d_M^n$ で定めるとき，$j^\bullet = \{j^n\}$ が複体の準同型写像 $j^\bullet \colon M^\bullet \to J^\bullet$ を定め，さらに $a^\bullet \circ i^\bullet = j^\bullet \circ f^\bullet$ が成り立つことが容易に分かる．また $k^\bullet \circ g^\bullet = b^\bullet \circ j^\bullet$ をみたす $k^\bullet \colon N^\bullet \to K^\bullet$ が定まる．

あとは $k^\bullet$ が擬同型写像であることを示せばよい．命題2.3により，次の可換図式

$$
\begin{array}{ccccccccc}
H^n(L^\bullet) & \to & H^n(M^\bullet) & \to & H^n(N^\bullet) & \to & H^{n+1}(L^\bullet) & \to & H^{n+1}(M^\bullet) \\
\downarrow & & \downarrow & & \downarrow & & \downarrow & & \downarrow \\
H^n(I^\bullet) & \to & H^n(J^\bullet) & \to & H^n(K^\bullet) & \to & H^{n+1}(I^\bullet) & \to & H^{n+1}(J^\bullet)
\end{array}
$$

が定まり，上下の列は完全列で縦方向の写像は真ん中を除いて同型写像になる．これから $H^n(k^\bullet) \colon H^n(N^\bullet) \to H^n(K^\bullet)$ も同型写像であることが容易に分かり(5項補題)，$k^\bullet$ は擬同型写像になる． ∎

$L^\bullet$, $M^\bullet$, $N^\bullet$ が0次に集中した単項複体の場合にはより強い次の事実が成立する．

系2.20　$0 \to L \xrightarrow{f} M \xrightarrow{g} N \to 0$ を A 加群の短完全列とする．また，$i^\bullet \colon L \to I^\bullet$ を L の入射分解で $I^n = 0$ $(n < 0)$ をみたすものとする．このとき，M, N の入射分解 $j^\bullet \colon M^\bullet \to J^\bullet$，$k^\bullet \colon N^\bullet \to K^\bullet$ であって $J^n = K^n = 0$ $(n < 0)$ をみたすものと，複体の可換図式(ホモトピー同値性を考えない)

$$
\begin{array}{ccccccc}
0 \to & L & \xrightarrow{f} & M & \xrightarrow{g} & N & \to 0 \\
& \downarrow{\scriptstyle i^\bullet} & & \downarrow{\scriptstyle j^\bullet} & & \downarrow{\scriptstyle k^\bullet} & \\
0 \to & I^\bullet & \xrightarrow{a^\bullet} & J^\bullet & \xrightarrow{b^\bullet} & K^\bullet & \to 0
\end{array}
$$

であって，$0 \to I^\bullet \xrightarrow{a^\bullet} J^\bullet \xrightarrow{b^\bullet} K^\bullet \to 0$ が複体の短完全列になっているものが存在する．

［証明］　定理2.19により，M, N の入射分解 $\tilde{j}^\bullet \colon M^\bullet \to \tilde{J}^\bullet$，$\tilde{k}^\bullet \colon N^\bullet \to \tilde{K}^\bullet$

と，複体の可換図式

$$\begin{array}{ccccccccc} 0 \to & L & \xrightarrow{f} & M & \xrightarrow{g} & N & \to 0 \\ & \downarrow{\scriptstyle i^\bullet} & & \downarrow{\scriptstyle \tilde{j}^\bullet} & & \downarrow{\scriptstyle \tilde{k}^\bullet} & \\ 0 \to & I^\bullet & \xrightarrow{\tilde{a}^\bullet} & \tilde{J}^\bullet & \xrightarrow{\tilde{b}^\bullet} & \tilde{K}^\bullet & \to 0 \end{array}$$

であって，$0 \to I^\bullet \xrightarrow{\tilde{a}^\bullet} \tilde{J}^\bullet \xrightarrow{\tilde{b}^\bullet} \tilde{K}^\bullet \to 0$ が複体の短完全列になっているものが存在する．複体 $J^\bullet$ を

$$J^p = 0\ (p<0), \quad J^0 = \operatorname{Cok} d_{\tilde{J}}^{-1}, \quad J^p = \tilde{J}^p\ (p>0)$$

により定める．このとき自然に擬同型写像 $u^\bullet\colon \tilde{J}^\bullet \to J^\bullet$ が決まる．同様にして複体 $K^\bullet$ と擬同型写像 $v^\bullet\colon \tilde{K}^\bullet \to K^\bullet$ を定めるとき，可換図式

$$\begin{array}{ccccccccc} 0 \to & I^\bullet & \xrightarrow{\tilde{a}^\bullet} & \tilde{J}^\bullet & \xrightarrow{\tilde{b}^\bullet} & \tilde{K}^\bullet & \to 0 \\ & \downarrow{\scriptstyle \mathrm{id}} & & \downarrow{\scriptstyle u^\bullet} & & \downarrow{\scriptstyle v^\bullet} & \\ 0 \to & I^\bullet & \xrightarrow{a^\bullet} & J^\bullet & \xrightarrow{b^\bullet} & K^\bullet & \to 0 \end{array}$$

が自然に定まる．$0 \to I^\bullet \to J^\bullet \to K^\bullet \to 0$ が入射複体の完全列になることを示そう．それには $0 \to I^0 \to \operatorname{Cok} d_{\tilde{J}}^{-1} \to \operatorname{Cok} d_{\tilde{K}}^{-1} \to 0$ が入射加群の完全列になることを示せばよい．次の可換図式を考える．

$$\begin{array}{ccccccc} & 0 & & 0 & & 0 & \\ & \downarrow & & \downarrow & & \downarrow & \\ 0 \to & \operatorname{Cok} d_I^{p-1} & \to & \operatorname{Cok} d_{\tilde{J}}^{p-1} & \to & \operatorname{Cok} d_{\tilde{K}}^{p-1} & \to 0 \\ & \downarrow & & \downarrow & & \downarrow & \\ 0 \to & I^{p+1} & \to & \tilde{J}^{p+1} & \to & \tilde{K}^{p+1} & \to 0 \\ & \downarrow & & \downarrow & & \downarrow & \\ 0 \to & \operatorname{Cok} d_I^{p} & \to & \operatorname{Cok} d_{\tilde{J}}^{p} & \to & \operatorname{Cok} d_{\tilde{K}}^{p} & \to 0 \\ & \downarrow & & \downarrow & & \downarrow & \\ & 0 & & 0 & & 0 & \end{array}$$

ここで各縦列と真ん中の横列は完全列である．

任意の p に対して $0 \to \operatorname{Cok} d_I^p \to \operatorname{Cok} d_{\tilde{J}}^p \to \operatorname{Cok} d_{\tilde{K}}^p \to 0$ が完全列になること

を示そう．p が十分小さいときは明らか．$p-1$ まで正しいとすると，上の可換図式を用いて p でも正しいことが分かる(9項補題)．よって示された．また命題 2.10 を用いると，$\mathrm{Cok}\, d_I^p$, $\mathrm{Cok}\, d_{\tilde{J}}^p$, $\mathrm{Cok}\, d_{\tilde{K}}^p$ が任意の p に対して入射加群になることが，p に関する帰納法を用いて同様に示される．したがって $p=-1$ のときを考えて，主張が示された．∎

次の定理は，理論的に重要であるばかりでなく，具体的に与えられた $M^\bullet$ に対して $R^iF(M^\bullet)$ を実際に計算する際に有用である．

定理 2.21　F: $\mathrm{Mod}(A)\to\mathrm{Mod}(B)$ を加法関手とする．下に有界な複体の短完全列 $0\to L^\bullet\xrightarrow{f^\bullet}M^\bullet\xrightarrow{g^\bullet}N^\bullet\to 0$ があるとき，A 加群の準同型写像 δ^i: $R^iF(N^\bullet)\to R^{i+1}F(L^\bullet)$ $(i\in\mathbb{Z})$ が自然に定まって，長完全列

$$\xrightarrow{\delta^{i-1}} R^iF(L^\bullet) \xrightarrow{R^iF(f^\bullet)} R^iF(M^\bullet) \xrightarrow{R^iF(g^\bullet)} R^iF(N^\bullet)$$
$$\xrightarrow{\delta^{i}} R^{i+1}F(L^\bullet) \xrightarrow{R^{i+1}F(f^\bullet)} R^{i+1}F(M^\bullet) \xrightarrow{R^{i+1}F(g^\bullet)} R^{i+1}F(N^\bullet)$$
$$\xrightarrow{\delta^{i+1}} \cdots\cdots$$

が得られる．

［証明］　定理 2.19 の

$$\begin{array}{ccccccccc} 0\to & L^\bullet & \xrightarrow{f^\bullet} & M^\bullet & \xrightarrow{g^\bullet} & N^\bullet & \to 0 \\ & {\scriptstyle i^\bullet}\downarrow & & {\scriptstyle j^\bullet}\downarrow & & {\scriptstyle k^\bullet}\downarrow & \\ 0\to & I^\bullet & \xrightarrow{a^\bullet} & J^\bullet & \xrightarrow{b^\bullet} & K^\bullet & \to 0 \end{array}$$

をとる．命題 2.10 により，$0\to I^n\to J^n\to K^n\to 0$ は分裂短完全列なので，$0\to F(I^n)\to F(J^n)\to F(K^n)\to 0$ も分裂短完全列になる．特に

$$0\to F(I^\bullet)\xrightarrow{F(a^\bullet)}F(J^\bullet)\xrightarrow{F(b^\bullet)}F(K^\bullet)\to 0$$

は複体の短完全列になる．これから定まる長完全列が求める長完全列を与える．

δ^i が $0\to I^\bullet\to J^\bullet\to K^\bullet\to 0$ の取り方によらないことを示しておこう．定理 2.19 の条件をみたす別の

$$\begin{array}{ccccccccc} 0 \to & L^\bullet & \xrightarrow{f^\bullet} & M^\bullet & \xrightarrow{g^\bullet} & N^\bullet & \to 0 \\ & \tilde{i}^\bullet\downarrow & & \tilde{j}^\bullet\downarrow & & \tilde{k}^\bullet\downarrow & \\ 0 \to & \tilde{I}^\bullet & \xrightarrow{\tilde{a}^\bullet} & \tilde{J}^\bullet & \xrightarrow{\tilde{b}^\bullet} & \tilde{K}^\bullet & \to 0 \end{array}$$

をとる．命題 2.16 により，$s^\bullet\colon I^\bullet \to \tilde{I}^\bullet$，$t^\bullet\colon J^\bullet \to \tilde{J}^\bullet$，$u^\bullet\colon K^\bullet \to \tilde{K}^\bullet$ であって $s^\bullet \circ i^\bullet \sim \tilde{i}^\bullet$，$t^\bullet \circ j^\bullet \sim \tilde{j}^\bullet$，$u^\bullet \circ k^\bullet \sim \tilde{k}^\bullet$ をみたすものが存在する．命題 2.3 (ii) により

$$\begin{array}{ccccccccc} 0 \to & I^\bullet & \xrightarrow{a^\bullet} & J^\bullet & \xrightarrow{b^\bullet} & K^\bullet & \to 0 \\ & s^\bullet\downarrow & & t^\bullet\downarrow & & u^\bullet\downarrow & \\ 0 \to & \tilde{I}^\bullet & \xrightarrow{\tilde{a}^\bullet} & \tilde{J}^\bullet & \xrightarrow{\tilde{b}^\bullet} & \tilde{K}^\bullet & \to 0 \end{array}$$

がホモトピー可換図式になることを示せばよい．

$$\tilde{a}^\bullet \circ s^\bullet \circ i^\bullet \sim \tilde{a}^\bullet \circ \tilde{i}^\bullet \sim \tilde{j}^\bullet \circ f^\bullet \sim t^\bullet \circ j^\bullet \circ f^\bullet \sim t^\bullet \circ a^\bullet \circ i^\bullet$$

なので，命題 2.16 の一意性により，$\tilde{a}^\bullet \circ s^\bullet \sim t^\bullet \circ a^\bullet$ が従う．まったく同様に $\tilde{b}^\bullet \circ t^\bullet \sim u^\bullet \circ b^\bullet$ が分かる． ∎

$F\colon \mathrm{Mod}(A) \to \mathrm{Mod}(B)$ を左完全関手とする．A 加群 M であって任意の $i>0$ に対して $R^iF(M)=0$ となるものを F **非輪状加群**(F-acyclic module) と呼ぶ．R^iF の定義から明らかに，入射加群は任意の左完全関手 F に対して F 非輪状である．

定理 2.22　$F\colon \mathrm{Mod}(A) \to \mathrm{Mod}(B)$ を左完全関手とする．また $M^\bullet$ を下に有界な A 加群の複体とする．$M^\bullet$ の F 非輪状加群による分解 $M^\bullet \to K^\bullet$ (すなわち $K^\bullet$ は F 非輪状加群からなる下に有界な複体で $M^\bullet \to K^\bullet$ が擬同型写像になるもの)に対して，

$$R^iF(M^\bullet) \simeq H^i(F(K^\bullet))$$

が成り立つ．すなわち，$R^iF(M^\bullet)$ を計算する際に，$M^\bullet$ の入射分解の代わりに F 非輪状加群による分解を用いても構わない．

［証明］　$i^\bullet\colon M^\bullet \to I^\bullet$, $k^\bullet\colon M^\bullet \to K^\bullet$ をそれぞれ $M^\bullet$ の入射分解および F 非輪状加群による分解とする．命題 2.16 により，$f^\bullet\colon K^\bullet \to I^\bullet$ であって $f^\bullet \circ k^\bullet \sim i^\bullet$ をみたすものが存在する．$i^\bullet$, $k^\bullet$ が擬同型写像なので，$f^\bullet$ も擬同型

写像になる．このとき$F(f^\bullet)\colon F(K^\bullet)\to F(I^\bullet)$が擬同型写像になることを示せばよい．$f^\bullet$の写像錐を$(C^\bullet, a^\bullet, b^\bullet)$とするとき，$(F(C^\bullet), F(a^\bullet), F(b^\bullet))$は$F(f^\bullet)$の写像錐になるので命題2.7により，$H^n(F(C^\bullet))=0$を示せばよい．$f^\bullet$は擬同型写像なので同じく命題2.7により，任意の$n$に対して$H^n(C^\bullet)=0$が成り立つ．また$I^n$, K^nは非輪状加群なのでC^nも非輪状加群になる．したがって，一般にF非輪状加群から成る下に有界な複体$X^\bullet$であって任意のnに対して$H^n(X^\bullet)=0$をみたすものに対して，$H^n(F(X^\bullet))=0$が成立することを示せばよい．

$Y^n=\operatorname{Im} d_X^{n-1}$とおいて短完全列

$$0\to Y^n \xrightarrow{u^n} X^n \xrightarrow{v^n} Y^{n+1}\to 0$$

が定まる．これと$R^pF(X^n)=0\ (p>0)$より

$$R^pF(Y^n)\simeq R^{p+1}F(Y^{n-1})\quad (p>0)$$

が分かる．よってnに関する帰納法により，任意の$p>0$に対して$R^pF(Y^n)=0$となることが分かる．したがって

$$0\to F(Y^n) \xrightarrow{F(u^n)} F(X^n) \xrightarrow{F(v^n)} F(Y^{n+1})\to 0$$

は完全列．$d_X^n=u^{n+1}\circ v^n$より$F(d_X^n)=F(u^{n+1})\circ F(v^n)$となる．$F(u^n)$は単射で，$F(v^n)$は全射なので

$$\operatorname{Ker} F(d_X^n) = \operatorname{Ker} F(v^n), \qquad \operatorname{Im} F(d_X^{n-1}) = \operatorname{Im} F(u^n).$$

したがって主張が成立する． ∎

以上，右導来関手について述べてきたが，左導来関手についてもまったく同様のことが成立する．議論はまったく同様なので，結果のみ述べる．

$F\colon \operatorname{Mod}(A)\to\operatorname{Mod}(B)$を加法関手とする．

$M^\bullet$を上に有界なA加群の複体とするとき，上に有界な射影複体$P^\bullet$と擬同型写像$\epsilon^\bullet\colon P^\bullet\to M^\bullet$がとれる($M^\bullet$の射影分解)．このとき，$B$加群$L_iF(M^\bullet):=H^{-i}(F(P^\bullet))$は射影分解の選び方によらずに一意的に定まる．また，$f^\bullet\colon M^\bullet\to N^\bullet$を上に有界な複体の準同型写像とするとき，$B$加群の準同型写像$L_iF(f^\bullet)\colon L_iF(M^\bullet)\to L_iF(N^\bullet)$が定まり，次が成立する：

(i) $L_iF(\varphi^\bullet\circ\psi^\bullet) = L_iF(\varphi^\bullet)\circ L_iF(\psi^\bullet)$,

(ii) $L_iF(\mathrm{id}_{M^\bullet}) = \mathrm{id}_{L_iF(M^\bullet)}$, (iii)　$\mathrm{Hom}(M^\bullet, N^\bullet) \ni \varphi^\bullet \mapsto L_iF(\varphi^\bullet) \in \mathrm{Hom}(L_iF(M^\bullet), L_iF(N^\bullet))$ は加群の準同型写像である.

特に A 加群 M を 0 次に集中した単項複体と思うとき, $L_iF\colon \mathrm{Mod}(A) \to \mathrm{Mod}(B)$ は加法関手になる. これを加法関手 F の**左導来関手**(left derived functor)と呼ぶ. F が右完全関手ならば $L_0F = F$ が成り立つ. また F が完全関手ならば $L_iF = 0$ $(i \neq 0)$ である.

定理 2.23　$F\colon \mathrm{Mod}(A) \to \mathrm{Mod}(B)$ を加法関手とする. 上に有界な複体の短完全列 $0 \to L^\bullet \xrightarrow{f^\bullet} M^\bullet \xrightarrow{g^\bullet} N^\bullet \to 0$ があるとき, A 加群の準同型写像 $\delta_i\colon L_iF(N^\bullet) \to L_{i-1}F(L^\bullet)$ $(i \in \mathbb{Z})$ が自然に定まって, 長完全列

$$\begin{array}{lllllll}
\xrightarrow{\delta_{i+1}} & L_iF(L^\bullet) & \xrightarrow{L_iF(f^\bullet)} & L_iF(M^\bullet) & \xrightarrow{L_iF(g^\bullet)} & L_iF(N^\bullet) \\
\xrightarrow{\delta_i} & L_{i-1}F(L^\bullet) & \xrightarrow{L_{i-1}F(f^\bullet)} & L_{i-1}F(M^\bullet) & \xrightarrow{L_{i-1}F(g^\bullet)} & L_{i-1}F(N^\bullet) \\
\xrightarrow{\delta_{i-1}} & \cdots\cdots & & & &
\end{array}$$

が得られる.　□

$F\colon \mathrm{Mod}(A) \to \mathrm{Mod}(B)$ を右完全関手とする. A 加群 M であって任意の $i > 0$ に対して $L_iF(M) = 0$ となるものを F 非輪状加群と呼ぶ. 射影加群は任意の右完全関手 F に対して F 非輪状である.

定理 2.24　$F\colon \mathrm{Mod}(A) \to \mathrm{Mod}(B)$ を右完全関手とする. また $M^\bullet$ を上に有界な A 加群の複体とする. $M^\bullet$ の F 非輪状加群による分解 $K^\bullet \to M^\bullet$ に対して,

$$L_iF(M^\bullet) \simeq H^{-i}(F(K^\bullet))$$

が成り立つ. すなわち, $L_iF(M^\bullet)$ を計算する際に, $M^\bullet$ の射影分解の代わりに F 非輪状加群による分解を用いても構わない.　□

反変加法関手の導来関手についても, その定義を述べておこう.

$F\colon \mathrm{Mod}(A) \to \mathrm{Mod}(B)$ を反変加法関手とする.

$M^\bullet$ を上に有界な A 加群の複体とする. その射影分解 $P^\bullet \to M^\bullet$ をとるとき, B 加群の複体 $Q^\bullet = F(P^{-\bullet})$ が

$$Q^i = F(P^{-i}), \qquad d_Q^i = F(d_P^{-i-1})$$

により定まるが, その i 次のコホモロジー加群 $R^iF(M^\bullet) = H^i(F(P^{-\bullet}))$ は,

射影分解の取り方によらずに一意的に定まる．特に，A 加群 M を 0 次に集中した単項複体とみなして，反変加法関手

$$R^iF\colon \mathrm{Mod}(A) \to \mathrm{Mod}(B)$$

が定まる．これを，反変加法関手 F の右導来関手と呼ぶ．

また，$M^\bullet$ を下に有界な A 加群の複体とする．その入射分解 $M^\bullet \to I^\bullet$ をとるとき，B 加群の複体 $F(I^{-\bullet})$ の $-i$ 次のコホモロジー加群 $L_iF(M^\bullet) = H^{-i}(F(I^{-\bullet}))$ は，入射分解の取り方によらずに一意的に定まる．特に，A 加群 M を 0 次に集中した単項複体とみなして，反変加法関手

$$L_iF\colon \mathrm{Mod}(A) \to \mathrm{Mod}(B)$$

が定まる．これを，反変加法関手 F の左導来関手と呼ぶ．

§2.4 スペクトル系列

(a) A 列付き複体のスペクトル系列

A 加群 M の部分 A 加群の族 $F = \{F_pM\}_{p\in\mathbb{Z}}$ であって，$F_pM \subset F_{p+1}M$ なるものが与えられたとき，F を M の A 列と呼ぶ．

$M^\bullet$ が A 加群の複体で，各 M^i には A 列 F が与えられており，$k\in\mathbb{Z}$ に対して $d_M^i(F_pM^i) \subset F_{p+k}M^{i+1}$ が任意の i と p に対して成り立っているとき，$(M^\bullet, F)$ を次数 k の A 列付き複体と呼ぶ．

以下 $(M^\bullet, F)$ を次数 k の A 列付き複体とする．コホモロジー加群 $H^i(M^\bullet) = \mathrm{Ker}\, d_M^i / \mathrm{Im}\, d_M^{i-1}$ の A 列 $F = \{F_p(H^i(M^\bullet))\}_{p\in\mathbb{Z}}$ が，

$$F_p(H^i(M^\bullet)) = (F_pM^i \cap \mathrm{Ker}\, d_M^i + \mathrm{Im}\, d_M^{i-1}) / \mathrm{Im}\, d_M^{i-1} \subset H^i(M^\bullet)$$

により定まる．

$$\mathrm{gr}_p^F H^i(M^\bullet) = F_p(H^i(M^\bullet)) / F_{p-1}(H^i(M^\bullet)),$$

$$\mathrm{gr}^F H^i(M^\bullet) = \bigoplus_{p\in\mathbb{Z}} \mathrm{gr}_p^F H^i(M^\bullet)$$

とおく．このとき

$$\begin{aligned}&\mathrm{gr}_p^F H^i(M^\bullet)\\ &\quad = (F_pM^i \cap \mathrm{Ker}\, d_M^i + \mathrm{Im}\, d_M^{i-1}) / (F_{p-1}M^i \cap \mathrm{Ker}\, d_M^i + \mathrm{Im}\, d_M^{i-1})\end{aligned}$$

$$= F_pM^i \cap \mathrm{Ker}\, d_M^i/(F_{p-1}M^i \cap \mathrm{Ker}\, d_M^i + F_pM^i \cap \mathrm{Im}\, d_M^{i-1})$$
$$= (F_pM^i \cap \mathrm{Ker}\, d_M^i + F_{p-1}M^i)/(F_pM^i \cap \mathrm{Im}\, d_M^{i-1} + F_{p-1}M^i)$$

が成立する．すなわち

$$Z(\infty)_p^i = F_pM^i \cap \mathrm{Ker}\, d_M^i,$$
$$B(\infty)_p^i = F_pM^i \cap \mathrm{Im}\, d_M^{i-1}$$

とおくとき

$$\mathrm{gr}_p^F\, H^i(M^\bullet) = \frac{Z(\infty)_p^i + F_{p-1}M^i}{B(\infty)_p^i + F_{p-1}M^i}$$

となる．

いま $r \geqq 0$ に対して

$$Z(r)_p^i = F_pM^i \cap (d_M^i)^{-1}(F_{p+k-r}M^{i+1}),$$
$$B(r)_p^i = F_pM^i \cap d_M^{i-1}(F_{p+r-k-1}M^{i-1})$$

とおくと

$$Z(0)_p^i \supset Z(1)_p^i \supset \cdots \supset Z(\infty)_p^i \supset B(\infty)_p^i \supset \cdots \supset B(1)_p^i \supset B(0)_p^i$$

が成立する．そこで，

$$X(r)_p^i = \frac{Z(r)_p^i + F_{p-1}M^i}{B(r)_p^i + F_{p-1}M^i}, \qquad X(r)^i = \bigoplus_{p\in\mathbb{Z}} X(r)_p^i$$

とおき，$\mathrm{gr}_p^F\, H^i(M^\bullet)$（あるいは $\mathrm{gr}^F\, H^i(M^\bullet)$）を $X(r)_p^i$（あるいは $X(r)^i$）で“近似”することを考えよう．

手始めに $r=0$ のときを考える．$Z(0)_p^i = F_pM^i$，$B(0)_p^i \subset F_{p-1}M^i$ なので $X(0)_p^i = F_pM^i/F_{p-1}M^i = \mathrm{gr}_p^F\, M^i$，$X(0)^i = \bigoplus_p \mathrm{gr}_p^F\, M^i = \mathrm{gr}^F\, M^i$ である．仮定から

$$\mathrm{gr}_p^F(d_M^i)\colon\ X(0)_p^i \to X(0)_{p+k}^{i+1}$$

が自然に定まり，

$$d_{X(0)}^i = \bigoplus_p \mathrm{gr}_p^F(d_M^i)\colon\ X(0)^i \to X(0)^{i+1}$$

により，$X(0)^\bullet$ は複体になる．また複体として，$X(0)^\bullet = \mathrm{gr}^F\, M^\bullet$ が成立して

いる.

同様に，$r \geqq 1$ に対しても，$X(r)^\bullet$ に自然に複体の構造が入ることが以下のようにして分かる．まず

$$X(r)^i_p = \frac{Z(r)^i_p + F_{p-1}M^i}{B(r)^i_p + F_{p-1}M^i} = \frac{Z(r)^i_p}{B(r)^i_p + Z(r-1)^i_{p-1}}$$

に注意する．このとき

$$d^i_M(Z(r)^i_p) = B(r+1)^{i+1}_{p+k-r} \subset Z(r)^{i+1}_{p+k-r},$$
$$d^i_M(B(r)^i_p) = 0,$$
$$d^i_M(Z(r-1)^i_{p-1}) = B(r)^{i+1}_{p+k-r}$$

なので，d^i_M は自然な準同型写像 $X(r)^i_p \to X(r)^{i+1}_{p+k-r}$ を引き起こす．その和をとることにより $d^i_{X(r)}\colon X(r)^i \to X(r)^{i+1}$ が定まり，$X(r)^\bullet$ は複体になる．

ここでさらに

$$H(X(r)^{i-1}_{p-k+r} \to X(r)^i_p \to X(r)^{i+1}_{p+k-r}) \simeq X(r+1)^i_p$$

が成立する．実際

$$H(X(r)^{i-1}_{p-k+r} \to X(r)^i_p \to X(r)^{i+1}_{p+k-r})$$
$$\simeq \frac{Z(r)^i_p \cap (d^i_M)^{-1}(B(r)^{i+1}_{p+k-r} + F_{p+k-r-1}M^{i+1}) + F_{p-1}M^i}{d^{i-1}_M(Z(r)^{i-1}_{p-k+r}) + F_{p-1}M^i}$$

であるが

$$B(r)^{i+1}_{p+k-r} = d^i_M(Z(r-1)^i_{p-1}) \subset d^i_M(Z(r)^i_p)$$

なので

$$\begin{aligned}
&Z(r)^i_p \cap (d^i_M)^{-1}(B(r)^{i+1}_{p+k-r} + F_{p+k-r-1}M^{i+1}) + F_{p-1}M^i \\
&= Z(r-1)^i_{p-1} + Z(r)^i_p \cap (d^i_M)^{-1}(F_{p+k-r-1}M^{i+1}) + F_{p-1}M^i \\
&= Z(r-1)^i_{p-1} + Z(r+1)^i_p + F_{p-1}M^i \\
&= Z(r+1)^i_p + F_{p-1}M^i.
\end{aligned}$$

また $d^{i-1}_M(Z(r)^{i-1}_{p-k+r}) = B(r+1)^i_p$ なので，主張が従う．特に

$$H^i(X(r)^\bullet) \simeq X(r+1)^i$$

が成り立つ．

以上をまとめると，複体の族 $\{X(r)^\bullet\}_{r=0}^{\infty}$ に関して以下のような事実が成り立つ．

（i）　$X(r)^i = \bigoplus_{p\in\mathbb{Z}} X(r)^i_p$　　（部分 A 加群の直和）．

（ii）　$X(0)^i_p = \mathrm{gr}^F_p M^i$，$X(0)^i = \mathrm{gr}^F M^i$．また $X(0)^\bullet$ は，複体としては，もとの複体 $M^\bullet$ から導かれる自然なものである．すなわち，$X(0)^\bullet = \mathrm{gr}^F M^\bullet$．

（iii）　$d^i_{X(r)}(X(r)^i_p) \subset X(r)^{i+1}_{p+k-r}$．

（iv）　$H(X(r)^{i-1}_{p-k+r} \to X(r)^i_p \to X(r)^{i+1}_{p+k-r}) \simeq X(r+1)^i_p$ が成り立つ．よって，$H^i(X(r)^\bullet) \simeq X(r+1)^i$．

このようにして得られた複体の族 $\{X(r)^\bullet\}_{r=0}^{\infty}$ を，次数 k の A 列付き複体 $(M^\bullet, F)$ から定まる**スペクトル系列**(spectral sequence)と呼ぶ．

構成から明らかであるが，

$$Z(r_0)^i_p + F_{p-1}M^i = Z(\infty)^i_p + F_{p-1}M^i,$$
$$B(r_0)^i_p + F_{p-1}M^i = B(\infty)^i_p + F_{p-1}M^i$$

を満たす r_0 が存在するときには，任意の $r \geqq r_0$ に対して，

$$X(r)^i_p \simeq \mathrm{gr}^F_p H^i(M^\bullet)$$

が成立する．このとき $\{X(r)^i_p\}_{r=0}^{\infty}$ は $\mathrm{gr}^F_p H^i(M^\bullet)$ に収束するという．

(b)　2重複体のスペクトル系列

A 加群の族 $\{M^{ij} \mid (i,j)\in\mathbb{Z}\times\mathbb{Z}\}$ と A 加群の準同型写像の族

$$d^{ij}_I\colon\ M^{ij} \to M^{i+1,j}, \qquad d^{ij}_{II}\colon\ M^{ij} \to M^{i,j+1}$$

が与えられていて

$$d^{i+1,j}_I \circ d^{ij}_I = 0, \qquad d^{i,j+1}_{II} \circ d^{ij}_{II} = 0,$$
$$d^{i+1,j}_{II} \circ d^{ij}_I = d^{i,j+1}_I \circ d^{ij}_{II}$$

が成立しているとき，$M^{\bullet\bullet} = (\{M^{ij}\}, \{d^{ij}_I\}, \{d^{ij}_{II}\})$ を A 加群の**2重複体**(double complex)と呼ぶ．

$$\begin{array}{ccccccccc} & & \uparrow & & \uparrow & & \uparrow & & \\ \cdots \to & & M^{20} & \to & M^{21} & \to & M^{22} & \to & \cdots \\ & & \uparrow & & \uparrow & & \uparrow & & \\ \cdots \to & & M^{10} & \to & M^{11} & \to & M^{12} & \to & \cdots \\ & & \uparrow & & \uparrow & & \uparrow & & \\ \cdots \to & & M^{00} & \to & M^{01} & \to & M^{02} & \to & \cdots \\ & & \uparrow & & \uparrow & & \uparrow & & \end{array}$$

$n \in \mathbb{Z}$ に対して，

$$M^n = \bigoplus_{i+j=n} M^{ij}$$

とおく．また $d_M^n \colon M^n \to M^{n+1}$ を

$$d_M^n = \sum_{i+j=n} ((-1)^i d_I^{ij} + d_{II}^{ij})$$

により定める．このとき $M^\bullet$ は A 加群の複体になることが分かる．これを $M^{\bullet\bullet}$ に付随する**対角線複体**(diagonal complex)と呼ぶ．

M^n の A 列 F^I を

$$F_p^I M^n = \bigoplus_{i+j=n,\, i \leqq p} M^{ij}$$

により定める．このとき $d_M^n(F_p^I M^n) \subset F_{p+1}^I M^{n+1}$ が成立する．そこで次数 1 の A 列付き複体 $(M^\bullet,\ F^I)$ に対して決まるスペクトル系列 $\{X_I(r)^\bullet\}_{r=0}^\infty$ について考えよう．

$r = 0, 1, 2$ に対して $X_I(r)_p^n$ がどうなるかをみよう．

まず $X_I(0)_p^n = \mathrm{gr}_p^{F^I} M^n = M^{p,n-p}$ である．$d_{X_I(0)}^n \colon X_I(0)^n \to X_I(0)^{n+1}$ は

$$(-1)^p d_I^{p,n-p} \colon X_I(0)_p^n = M^{p,n-p} \to M^{p+1,n-p} = X_I(0)_{p+1}^{n+1}$$

で与えられるので

$$X_I(1)_p^n \simeq H\left(M^{p-1,n-p} \xrightarrow{d_I} M^{p,n-p} \xrightarrow{d_I} M^{p+1,n-p}\right) =: H_I^p(M^{\bullet\bullet})^{n-p}$$

となる．このとき d_{II} により複体

$$H_I^p(M^{\bullet\bullet})^\bullet = \left(\cdots \xrightarrow{\bar{d}_{II}} H_I^p(M^{\bullet\bullet})^q \xrightarrow{\bar{d}_{II}} H_I^p(M^{\bullet\bullet})^{q+1} \xrightarrow{\bar{d}_{II}} \cdots\right)$$

が自然に定まるが，$d^n_{X_I(1)}\colon X_I(1)^n \to X_I(1)^{n+1}$ は

$$X_I(1)_p^n = H_I^p(M^{\bullet\bullet})^{n-p} \xrightarrow{\bar{d}_{II}} H_I^p(M^{\bullet\bullet})^{n+1-p} = X_I(1)_p^{n+1}$$

で与えられることが容易に分かる．したがって

$$\begin{aligned} X_I(2)_p^n &= H\left(H_I^p(M^{\bullet\bullet})^{n-1-p} \xrightarrow{\bar{d}_{II}} H_I^p(M^{\bullet\bullet})^{n-p} \xrightarrow{\bar{d}_{II}} H_I^p(M^{\bullet\bullet})^{n+1-p}\right) \\ &=: H_{II}^{n-p} H_I^p(M^{\bullet\bullet}) \end{aligned}$$

となることが分かった．

いま $i_0, j_0 \in \mathbb{Z}$ があって，$i<i_0$ または $j<j_0$ ならば $M^{ij}=0$ となっているものとしよう．このとき，

$$F^I_{i_0-1}M^n = 0, \qquad F^I_{n-j_0}M^n = M^n$$

から

$$F^I_{i_0-1}(H^n(M^\bullet)) = 0, \qquad F^I_{n-j_0}(H^n(M^\bullet)) = H^n(M^\bullet)$$

となる．また $p<i_0$ または $n-p<j_0$ ならば $X_I(0)_p^n = M^{p,n-p} = 0$ なので，任意の r に対して $X_I(r)_p^n = 0$ $(p<i_0$ または $n-p<j_0)$ が成り立つ．さらに $r \geqq \max(p+2-i_0, n+1-p-j_0)$ のとき

$$\begin{aligned} Z_I(r)_p^n &= F_p^I M^n \cap (d_M^n)^{-1}(F^I_{p+1-r}M^{n+1}) \\ &= F_p^I M^n \cap \operatorname{Ker} d_M^n = Z_I(\infty)_p^n, \\ B_I(r)_p^n &= F_p^I M^n \cap d_M^{n-1}(F^I_{p+r-2}M^{n-1}) \\ &= F_p^I M^n \cap \operatorname{Im} d_M^{n-1} = B_I(\infty)_p^n \end{aligned}$$

なので

$$\operatorname{gr}_p^{F^I} H^n(M^\bullet) \simeq X_I(r)_p^n \qquad (r \geqq \max(p+2-i_0, n+1-p-j_0))$$

が成立する．

通常の記号にあわせて $E_r^{pq} = X_I(r)_q^{p+q}$ とするとき，次が成立することが分かった．

定理 2.25　$M^{\bullet\bullet}$ を2重複体であって，$i<i_0$ または $j<j_0$ ならば $M^{ij}=0$

となっているものとする．また付随する対角線複体を $M^\bullet$ とする．このとき，$H^n(M^\bullet)$ の A 列 F^I および，A 加群の族 E_r^{pq} $(r \geqq 2,\ p,q\in\mathbb{Z})$ と準同型写像の族 $d_r^{pq}\colon E_r^{pq}\to E_r^{p+r,q-r+1}$ であって，以下の条件をみたすものが存在する．

（i） $F^I_{i_0-1}(H^n(M^\bullet))=0,\qquad F^I_{n-j_0}(H^n(M^\bullet))=H^n(M^\bullet)$.

（ii） $q<i_0$ または $p<j_0$ ならば $E_r^{pq}=0$.

（iii） $d_r^{p+r,q-r+1}\circ d_r^{pq}=0$.

（iv） $E_{r+1}^{pq}=H(E_r^{p-r,q+r-1}\to E_r^{pq}\to E_r^{p+r,q-r+1})$.

（v） $E_2^{pq}=H^p_{II}H^q_I(M^{\bullet\bullet})$.

（vi） $E_r^{pq}\simeq \mathrm{gr}_q^{F^I}(H^{p+q}(M^\bullet))\qquad (r\geqq \max(q+2-i_0,p+1-j_0))$. □

定理 2.25 の $(F^I,\{E_r^{pq}\},\{d_r^{pq}\})$ を $M^{\bullet\bullet}$ の第 1 の A 列から定まるスペクトル系列と呼ぶ．

まったく同様に，M^n の第 2 の A 列

$$F_p^{II}M^n=\bigoplus_{i+j=n,\ j\leqq p}M^{ij}$$

を用いることにより，次が分かる．

定理 2.26 $M^{\bullet\bullet}$ を 2 重複体であって，$i<i_0$ または $j<j_0$ ならば $M^{ij}=0$ となっているものとする．また付随する対角線複体を $M^\bullet$ とする．このとき，$H^n(M^\bullet)$ の A 列 F^{II} および，A 加群の族 $\overline{E}_r^{pq}$ $(r\geqq 2,\ p,q\in\mathbb{Z})$ と準同型写像の族 $\overline{d}_r^{pq}\colon \overline{E}_r^{pq}\to \overline{E}_r^{p-r+1,q+r}$ であって，以下の条件をみたすものが存在する．

（i） $F^{II}_{j_0-1}(H^n(M^\bullet))=0,\qquad F^{II}_{n-i_0}(H^n(M^\bullet))=H^n(M^\bullet)$.

（ii） $q<i_0$ または $p<j_0$ ならば $\overline{E}_r^{pq}=0$.

（iii） $\overline{d}_r^{p-r+1,q+r}\circ \overline{d}_r^{pq}=0$.

（iv） $\overline{E}_{r-1}^{pq}=H(\overline{E}_r^{p+r-1,q-r}\to \overline{E}_r^{pq}\to \overline{E}_r^{p-r+1,q+r})$.

（v） $\overline{E}_2^{pq}=H^q_IH^p_{II}(M^{\bullet\bullet})$.

（vi） $\overline{E}_r^{pq}\simeq \mathrm{gr}_p^{F^{II}}(H^{p+q}(M^\bullet))\qquad (r\geqq \max(q+1-i_0,p+2-j_0))$. □

定理 2.26 の $(F^{II},\{\overline{E}_r^{pq}\},\{\overline{d}_r^{pq}\})$ を $M^{\bullet\bullet}$ の第 2 の A 列から定まるスペクトル系列と呼ぶ．

ひとつの応用を述べよう．

命題 2.27 $M^{\bullet\bullet}$ を 2 重複体であって，ある i_0, j_0 に関して $M^{ij}=0$ $(i<i_0$

または $j<j_0$) なるものとし，付随する対角線複体を $M^\bullet$ とする．

（i）　$H_I^j(M^{\bullet\bullet})^\bullet=0\ (j\neq q_0)$ ならば
$$H^n(M^\bullet)\simeq H_{II}^{n-q_0}H_I^{q_0}(M^{\bullet\bullet}).$$

（ii）　$H_{II}^i(M^{\bullet\bullet})^\bullet=0\ (i\neq p_0)$ ならば
$$H^n(M^\bullet)\simeq H_I^{n-p_0}H_{II}^{p_0}(M^{\bullet\bullet}).$$

（iii）　$H_I^j(M^{\bullet\bullet})^\bullet=0\ (j\neq q_0)$ かつ $H_{II}^i(M^{\bullet\bullet})^\bullet=0\ (i\neq p_0)$ ならば
$$H_{II}^{n-q_0}H_I^{q_0}(M^{\bullet\bullet})\simeq H_I^{n-p_0}H_{II}^{p_0}(M^{\bullet\bullet}).$$

［証明］　(ii) の証明は (i) と同様である．また (iii) は (i), (ii) から従う．よって (i) のみ示す．第1の A 列 F^I に関するスペクトル系列において
$$E_2^{pq}=H_{II}^pH_I^q(M^{\bullet\bullet})=0\qquad(q\neq q_0).$$
よって
$$E_2^{pq}\simeq E_3^{pq}\simeq\cdots\simeq \mathrm{gr}_q^{F^I}(H^{p+q}(M^\bullet))=0\qquad(q\neq q_0),$$
$$E_2^{pq_0}\simeq E_3^{pq_0}\simeq\cdots\simeq \mathrm{gr}_{q_0}^{F^I}(H^{p+q_0}(M^\bullet)).$$
したがって
$$H^{p+q_0}(M^\bullet)\simeq \mathrm{gr}_{q_0}^{F^I}(H^{p+q_0}(M^\bullet))\simeq H_{II}^pH_I^{q_0}(M^{\bullet\bullet}).$$
(i) が示された．　∎

(c)　Grothendieck のスペクトル系列

以下 $F\colon \mathrm{Mod}(A)\to\mathrm{Mod}(B)$ を加法関手，$G\colon \mathrm{Mod}(B)\to\mathrm{Mod}(C)$ を左完全関手とし，任意の入射 A 加群 I に対して，$F(I)$ は G 非輪状な B 加群になっているものとする．

$M\in\mathrm{Mod}(A)$ とする．

M の入射分解 $M\to I^\bullet$ であって $I^n=0\ (n<0)$ をみたすものをひとつ取る．このとき $F(I^\bullet)$ は G 非輪状な B 加群の複体で $F(I^n)=0\ (n<0)$ が成り立つ．各 $n\geqq 0$ に対して短完全列
$$0\to\mathrm{Ker}\,F(d_I^n)\to F(I^n)\to\mathrm{Im}\,F(d_I^n)\to 0,$$
$$0\to\mathrm{Im}\,F(d_I^{n-1})\to\mathrm{Ker}\,F(d_I^n)\to(R^nF)(M)\to 0$$
を考える．

$\operatorname{Ker} F(d_I^0)$ の入射分解 $\operatorname{Ker} F(d_I^0) \to K^{0\bullet}$ であって $K^{0n}=0$ $(n<0)$ なるものをひとつ取る．$\operatorname{Ker} F(d_I^0) \simeq (R^0F)(M)$ なので，対応する $(R^0F)(M)$ の入射分解 $(R^0F)(M) \to S^{0\bullet}$ をとるとき $S^{0n}=0$ $(n<0)$ で，複体の可換図式

$$\begin{array}{ccc} \operatorname{Ker} F(d_I^0) & \to & (R^0F)(M) \\ \downarrow & & \downarrow \\ K^{0\bullet} & \to & S^{0\bullet} \end{array}$$

において，$K^{0\bullet} \to S^{0\bullet}$ は同型写像になる．

系 2.20 により，$F(I^0)$, $\operatorname{Im} F(d_I^0)$ の入射分解 $F(I^0) \to J^{0\bullet}$, $\operatorname{Im} F(d_I^0) \to L^{0\bullet}$ であって $J^{0n}=L^{0n}=0$ $(n<0)$ をみたすものと，複体の可換図式

$$\begin{array}{ccccccccc} 0 \to & \operatorname{Ker} F(d_I^0) & \to & F(I^0) & \to & \operatorname{Im} F(d_I^0) & \to 0 \\ & \downarrow & & \downarrow & & \downarrow & \\ 0 \to & K^{0\bullet} & \to & J^{0\bullet} & \to & L^{0\bullet} & \to 0 \end{array}$$

であって，$0 \to K^{0\bullet} \to J^{0\bullet} \to L^{0\bullet} \to 0$ が複体の短完全列になっているものが取れる．

短完全列 $0 \to \operatorname{Im} F(d_I^0) \to \operatorname{Ker} F(d_I^1) \to (R^1F)(M) \to 0$ に系 2.20 を適用して，$\operatorname{Ker} F(d_I^1)$, $(R^1F)(M)$ の入射分解 $\operatorname{Ker} F(d_I^1) \to K^{1\bullet}$, $(R^1F)(M) \to S^{1\bullet}$ であって $K^{1n}=S^{1n}=0$ $(n<0)$ なるものと，可換図式

$$\begin{array}{ccccccccc} 0 \to & \operatorname{Im} F(d_I^0) & \to & \operatorname{Ker} F(d_I^1) & \to & (R^1F)(M) & \to 0 \\ & \downarrow & & \downarrow & & \downarrow & \\ 0 \to & L^{0\bullet} & \to & K^{1\bullet} & \to & S^{1\bullet} & \to 0 \end{array}$$

であって，$0 \to L^{0\bullet} \to K^{1\bullet} \to S^{1\bullet} \to 0$ が複体の短完全列になっているものが取れる．

これを繰り返して，$\operatorname{Ker} F(d_I^p)$, $F(I^p)$, $\operatorname{Im} F(d_I^p)$, $(R^pF)(M)$ の入射分解 $\operatorname{Ker} F(d_I^p) \to K^{p\bullet}$, $F(I^p) \to J^{p\bullet}$, $\operatorname{Im} F(d_I^p) \to L^{p\bullet}$, $(R^pF)(M) \to S^{p\bullet}$ であって $K^{pn}=J^{pn}=L^{pn}=S^{pn}=0$ $(n<0)$ なるものと，複体の可換図式

$$\begin{array}{ccccccccc} 0 \to & \operatorname{Ker} F(d_I^p) & \to & F(I^p) & \to & \operatorname{Im} F(d_I^p) & \to 0 \\ & \downarrow & & \downarrow & & \downarrow & \\ 0 \to & K^{p\bullet} & \to & J^{p\bullet} & \to & L^{p\bullet} & \to 0, \end{array}$$

$$\begin{array}{ccccccccc} 0 \to & \operatorname{Im} F(d_I^{p-1}) & \to & \operatorname{Ker} F(d_I^p) & \to & (R^pF)(M) & \to 0 \\ & \downarrow & & \downarrow & & \downarrow & \\ 0 \to & L^{p-1\bullet} & \to & K^{p\bullet} & \to & S^{p\bullet} & \to 0 \end{array}$$

であって，$0 \to K^{p\bullet} \to J^{p\bullet} \to L^{p\bullet} \to 0$ および $0 \to L^{p-1\bullet} \to K^{p\bullet} \to S^{p\bullet} \to 0$ が複体の短完全列になっているものが取れる．

そこで $J^{p\bullet} \to L^{p\bullet} \to K^{p+1\bullet} \to J^{p+1\bullet}$ の合成を $d_I^{p\bullet}\colon J^{p\bullet} \to J^{p+1\bullet}$ とすると，可換図式

$$\begin{array}{ccccccccc} 0 \to & F(I^0) & \xrightarrow{F(d_I^0)} & F(I^1) & \xrightarrow{F(d_I^1)} & F(I^2) & \xrightarrow{F(d_I^2)} & \cdots \\ & \downarrow & & \downarrow & & \downarrow & & \\ 0 \to & J^{0\bullet} & \xrightarrow{d_I^{0\bullet}} & J^{1\bullet} & \xrightarrow{d_I^{1\bullet}} & J^{2\bullet} & \xrightarrow{d_I^{2\bullet}} & \cdots \end{array}$$

が得られる．また $d_I^{p+1\bullet} \circ d_I^{p\bullet} = 0$ が成立する．これから2重複体 $J^{\bullet\bullet}$ が定まる．これに G を施して得られる2重複体 $G(J^{\bullet\bullet})$ から定まるスペクトル系列について考えよう．$G(J^{\bullet\bullet})$ に付随する対角線複体を $T^\bullet$ とする．

まず第2の A 列 F^{II} について考える．$F(I^p) \to J^{p\bullet}$ は $F(I^p)$ の入射分解なので $H_{II}^q(G(J^{\bullet\bullet}))^p = H^q(G(J^{p\bullet})) = (R^qG)(F(I^p))$ となるが，$F(I^p)$ は G 非輪状加群なので

$$H_{II}^0(G(J^{\bullet\bullet}))^p = G(F(I^p)), \qquad H_{II}^q(G(J^{\bullet\bullet}))^p = 0 \quad (q \neq 0).$$

よって

$$H_I^p H_{II}^0(G(J^{\bullet\bullet})) = H^p((G \circ F)(I^\bullet)) = (R^p(G \circ F))(M),$$
$$H_I^p H_{II}^q(G(J^{\bullet\bullet})) = 0 \quad (q \neq 0).$$

したがって，命題2.27により

$$(2.4) \qquad H^p(T^\bullet) \simeq \operatorname{gr}_0^{F^{II}}(H^p(T^\bullet)) \simeq (R^p(G \circ F))(M)$$

が分かった．

次に第1の A 列 F^I について考えよう．命題2.10により，

$$0 \to K^{pq} \to J^{pq} \to L^{pq} \to 0,$$
$$0 \to L^{pq} \to K^{p+1,q} \to S^{p+1,q} \to 0$$

は分裂短完全列になる．よって

$$0 \to G(K^{pq}) \to G(J^{pq}) \to G(L^{pq}) \to 0,$$
$$0 \to G(L^{pq}) \to G(K^{p+1,q}) \to G(S^{p+1,q}) \to 0$$

は共に(分裂)短完全列である．これから

$$H_I^p(G(J^\bullet))^q = H(G(J^{p-1,q}) \to G(J^{pq}) \to G(J^{p+1,q})) \simeq G(S^{pq})$$

が分かる．よって

$$H_{II}^q H_I^p(G(J^{\bullet\bullet})) \simeq H^q(G(S^{p\bullet})) \simeq (R^qG)(R^pF)(M)$$

となる．したがって，対応するスペクトル系列において

$$E_2^{pq} = (R^pG)(R^qF)(M) \tag{2.5}$$

が成立する．以上により，次が分かった．

定理2.28　F: $\mathrm{Mod}(A) \to \mathrm{Mod}(B)$ を加法関手，G: $\mathrm{Mod}(B) \to \mathrm{Mod}(C)$ を左完全関手とし，任意の入射 A 加群 I に対して，$F(I)$ は G 非輪状な B 加群になっているものとする．M を A 加群とするとき，$R^n(G\circ F)(M)$ の C 列

$$0 = \Gamma_{-1} \subset \Gamma_0 \subset \Gamma_1 \subset \cdots \subset \Gamma_n = R^n(G\circ F)(M)$$

と，C 加群の族 E_r^{pq} $(r \geqq 2,\ p, q \in \mathbb{Z})$，および C 加群の準同型写像の族 d_r^{pq}: $E_r^{pq} \to E_r^{p+r,q-r+1}$ $(r \geqq 2,\ p, q \in \mathbb{Z})$ があって，次が成立する．

(i)　$E_r^{pq} = 0 \qquad (p<0$ または $q<0)$,

(ii)　$E_2^{pq} = (R^pG)(R^qF)(M)$,

(iii)　$d_r^{p+r,q-r+1} \circ d_r^{pq} = 0$,

(iv)　$E_{r+1}^{pq} = H(E_r^{p-r,q+r-1} \to E_r^{pq} \to E_r^{p+r,q-r+1})$,

(v)　$E_r^{pq} \simeq \mathrm{gr}_q^\Gamma(R^{p+q}(G\circ F)(M)) \qquad (r \geqq p+q+1)$.　□

このスペクトル系列をGrothendieckのスペクトル系列と呼ぶ．これは $I^\bullet, J^\bullet$ 等の選び方によらないことが示せるが，ここでは省略する．

§2.5　Ext と Tor

命題1.17により，$M \in \mathrm{Mod}(A)$ に対して

$$\mathrm{Hom}_A(M, \bullet)\colon \mathrm{Mod}(A) \to \mathrm{Mod}(\mathbb{Z})$$

は左完全関手である．その右導来関手 $R^i(\mathrm{Hom}_A(M, \bullet))$ を $\mathrm{Ext}^i_A(M, \bullet)$ で表す．すなわち，$N \in \mathrm{Mod}(A)$ に対して $N \to I^\bullet$ をその入射分解とするとき

$$\mathrm{Ext}^i_A(M, N) = H(\mathrm{Hom}_A(M, I^{i-1}) \to \mathrm{Hom}_A(M, I^i) \to \mathrm{Hom}_A(M, I^{i+1}))$$

により，加法関手

$$\mathrm{Ext}^i_A(M, \bullet)\colon \mathrm{Mod}(A) \to \mathrm{Mod}(\mathbb{Z})$$

が定まる．導来関手の一般論から次が従う．

定理2.29

(i)　$\mathrm{Ext}^i_A(M, N) = 0 \qquad (i < 0)$.

(ii)　$\mathrm{Ext}^0_A(M, N) = \mathrm{Hom}_A(M, N)$.

(iii)　$0 \to N_1 \to N_2 \to N_3 \to 0$ を A 加群の短完全列とするとき，

$$\delta^i\colon \mathrm{Ext}^i_A(M, N_3) \to \mathrm{Ext}^{i+1}_A(M, N_1)$$

が自然に定まり，長完全列

$$\begin{array}{llll} 0 \to & \mathrm{Ext}^0_A(M, N_1) & \to \mathrm{Ext}^0_A(M, N_2) & \to \mathrm{Ext}^0_A(M, N_3) \\ \to & \mathrm{Ext}^1_A(M, N_1) & \to \mathrm{Ext}^1_A(M, N_2) & \to \mathrm{Ext}^1_A(M, N_3) \\ \to & \mathrm{Ext}^2_A(M, N_1) & \to \mathrm{Ext}^2_A(M, N_2) & \to \mathrm{Ext}^2_A(M, N_3) \\ \to & \cdots\cdots & & \end{array}$$

が得られる．　□

なお，M が両側 (A, B) 加群ならば，$N \in \mathrm{Mod}(A)$ に対する $\mathrm{Hom}_A(M, N)$ は

$$(b\varphi)(m) = \varphi(mb) \qquad (b \in B,\ \varphi \in \mathrm{Hom}_A(M, N),\ m \in M)$$

により左 B 加群になり，$\mathrm{Hom}_A(M, \bullet)$ は $\mathrm{Mod}(A)$ から $\mathrm{Mod}(B)$ への左完全関手になる．構成から，その右導来関手は先ほど定義した $\mathrm{Ext}^i_A(M, \bullet)$ と（B 加群の構造を忘れれば）一致する．これを言い換えると，$\mathrm{Ext}^i_A(M, N)$ に自然に左 B 加群の構造が入る．特に，A が可換環ならば $\mathrm{Ext}^i_A(M, N)$ は A 加群になる．

また $M \in \mathrm{Mod}_r(A)$ のときには，右 A 加群としての準同型写像を考えて得られる左完全関手

$$\mathrm{Hom}_A(M, \bullet)\colon\ \mathrm{Mod}_r(A) \to \mathrm{Mod}(\mathbb{Z})$$

の右導来関手 $\mathrm{Ext}^i_A(M, \bullet)$ に関して同様の事実が成立する．

次に，$N \in \mathrm{Mod}(A)$ に対して左完全な反変関手

$$\mathrm{Hom}_A(\bullet, N)\colon\ \mathrm{Mod}(A) \to \mathrm{Mod}(\mathbb{Z})$$

を考えよう．その右導来関手 $R^i(\mathrm{Hom}_A(\bullet, N))$ を $\overline{\mathrm{Ext}}^i_A(\bullet, N)$ で表す．すなわち，$M \in \mathrm{Mod}(A)$ に対して $P^\bullet \to M$ をその射影分解とするとき

$$\begin{aligned}&\overline{\mathrm{Ext}}^i_A(M, N)\\ &\quad = H(\mathrm{Hom}_A(P^{-i+1}, N) \to \mathrm{Hom}_A(P^{-i}, N) \to \mathrm{Hom}_A(P^{-i-1}, N))\end{aligned}$$

により，反変加法関手

$$\overline{\mathrm{Ext}}^i_A(\bullet, N)\colon\ \mathrm{Mod}(A) \to \mathrm{Mod}(\mathbb{Z})$$

が定まる．

なお，N が両側 (A, B) 加群ならば，$M \in \mathrm{Mod}(A)$ に対する $\mathrm{Hom}_A(M, N)$ は

$$(\varphi b)(m) = \varphi(m)b \qquad (b \in B,\ \varphi \in \mathrm{Hom}_A(M, N),\ m \in M)$$

により右 B 加群になり，$\mathrm{Hom}_A(\bullet, N)$ は $\mathrm{Mod}(A)$ から $\mathrm{Mod}_r(B)$ への左完全反変関手になる．よって $\overline{\mathrm{Ext}}^i_A(M, N)$ に自然に右 B 加群の構造が入る．特に A が可換環ならば $\overline{\mathrm{Ext}}^i_A(M, N)$ は A 加群になる．

また $M \in \mathrm{Mod}_r(A)$ のときには，右 A 加群としての準同型写像を考えて得られる左完全関手

$$\mathrm{Hom}_A(\bullet, N)\colon\ \mathrm{Mod}_r(A) \to \mathrm{Mod}(\mathbb{Z})$$

の右導来関手を $\overline{\mathrm{Ext}}^i_A(M, \bullet)$ で表す．

実は次が成り立つ．

命題 2.30 $M,\ N \in \mathrm{Mod}(A)$ に対して

$$\overline{\mathrm{Ext}}^i_A(M, N) \simeq \mathrm{Ext}^i_A(M, N)\,.$$

［証明］ M の射影分解 $P^\bullet \to M$ と N の入射分解 $N \to I^\bullet$ をとる．$P^i = 0$ $(i > 0)$，$I^i = 0$ $(i < 0)$ としておいてよい．このとき $K^{mn} = \mathrm{Hom}_A(P^{-m}, I^n)$

により2重複体 $K^{\bullet\bullet}$ が定まり，$m<0$ または $n<0$ ならば $K^{mn}=0$ となる．

定義から

$$H_{II}^n(K^\bullet)^m = H^n(\mathrm{Hom}_A(P^{-m}, I^\bullet)) = \mathrm{Ext}_A^n(P^{-m}, N)$$

である．また P^{-m} は射影加群なので，$\mathrm{Hom}_A(P^{-m}, \bullet)$ は完全関手である．したがって命題2.18により

$$H_{II}^n(K^\bullet)^m = 0 \quad (n \neq 0), \qquad H_{II}^0(K^\bullet)^m \simeq \mathrm{Hom}_A(P^{-m}, N).$$

よって

$$H_{II}^n(K^\bullet)^\bullet = 0 \quad (n \neq 0), \qquad H_I^m H_{II}^0(K^\bullet) \simeq \overline{\mathrm{Ext}}_A^m(M, N)$$

となる．まったく同様にして

$$H_I^m(K^\bullet)^\bullet = 0 \quad (m \neq 0), \qquad H_{II}^n H_I^0(K^\bullet) \simeq \mathrm{Ext}_A^n(M, N)$$

が分かる．したがって命題2.27により主張が従う．∎

以下 $\overline{\mathrm{Ext}}_A^i(M,N)$ と $\mathrm{Ext}_A^i(M,N)$ を同一視し，両方とも $\mathrm{Ext}_A^i(M,N)$ で表す．導来関手の一般論により次が成立する．

定理2.31　$0 \to M_1 \to M_2 \to M_3 \to 0$ を A 加群の短完全列とするとき，δ^i: $\mathrm{Ext}_A^i(M_1, N) \to \mathrm{Ext}_A^{i+1}(M_3, N)$ が自然に定まり，長完全列

$$\begin{array}{llllll}
0 & \to & \mathrm{Ext}_A^0(M_3,N) & \to \mathrm{Ext}_A^0(M_2,N) & \to \mathrm{Ext}_A^0(M_1,N) \\
 & \to & \mathrm{Ext}_A^1(M_3,N) & \to \mathrm{Ext}_A^1(M_2,N) & \to \mathrm{Ext}_A^1(M_1,N) \\
 & \to & \mathrm{Ext}_A^2(M_3,N) & \to \mathrm{Ext}_A^2(M_2,N) & \to \mathrm{Ext}_A^2(M_1,N) \\
 & \to & \cdots\cdots & &
\end{array}$$

が得られる．□

例題2.32　A 加群 I に関して以下の2条件は同値であることを示せ．

(i)　I は入射加群である．

(ii)　A の任意の左イデアル K に対して $\mathrm{Ext}_A^1(A/K, I) = 0$．

[解]　(i)⇒(ii)．I を入射加群とすると $\mathrm{Hom}_A(\bullet, I)$ は完全反変関手である．よって任意の A 加群 M について $\mathrm{Ext}_A^1(M,I)=0$．特に(ii)が成立する．

(ii)⇒(i)．M を A 加群，N をその真部分 A 加群とする．準同型写像 $f: N \to I$ が与えられたとき，f が M まで拡張できることを示せばよい．それには，M の真部分 A 加群 N_1 であって N を含むものと，f の N_1 への拡張 $f_1: N_1 \to I$ があるときに，f_1 が N_1 より真に大きい部分 A 加群 N_2 まで拡

張できることを示せばよい(Zorn の補題).

$m \in M \setminus N_1$ をひとつとり，$N_2 = N_1 + Am$ とおく．このとき A の左イデアル K があって，短完全列

$$0 \to N_1 \to N_2 \to A/K \to 0$$

が得られる．これに定理 2.31 を適用すると，

$$\mathrm{Hom}_A(N_2, I) \to \mathrm{Hom}_A(N_1, I) \to \mathrm{Ext}_A^1(A/K, I) = 0$$

は完全列になる．すなわち $\mathrm{Hom}_A(N_2, I) \to \mathrm{Hom}_A(N_1, I)$ は全射．よって f_1 は N_2 まで拡張可能である． ■

例題 2.33　A を左 Noether 環とするとき，有限生成 A 加群 P に関して以下の 2 条件は同値であることを示せ．

(i)　P は射影加群である．

(ii)　A の任意の左イデアル K に対して $\mathrm{Ext}_A^1(P, A/K) = 0$.

[解]　(i)⇒(ii)．P を射影加群とすると $\mathrm{Hom}_A(P, \bullet)$ は完全反変関手である．よって任意の A 加群 M について $\mathrm{Ext}_A^1(P, M) = 0$．特に(ii)が成立する．

(ii)⇒(i)．A 加群の準同型写像 $f\colon M \to N$, $g\colon P \to N$ があって f が全射ならば，$f \circ h = g$ となる $h\colon P \to M$ が存在することを示せばよい．$N' = \mathrm{Im}\, g$ は有限生成 A 加群なので，M の有限生成部分 A 加群 M' であって $f(M') = N'$ をみたすものが取れる．よってはじめから M, N は有限生成であるとしてよい．A は左 Noether 環なので，$L = \mathrm{Ker}\, f$ も有限生成である．短完全列 $0 \to L \to M \to N \to 0$ に定理 2.29(iii) を適用して，完全列

$$\mathrm{Hom}_A(P, M) \to \mathrm{Hom}_A(P, N) \to \mathrm{Ext}_A^1(P, L)$$

を得る．$\mathrm{Hom}_A(P, M) \to \mathrm{Hom}_A(P, N)$ が全射であることを示せばよいので，$\mathrm{Ext}_A^1(P, L) = 0$ が言えればよい．L は有限生成だったので，L の部分 A 加群の列

$$0 = L_0 \subset L_1 \subset \cdots \subset L_k = L$$

であって $L_i/L_{i-1} \simeq A/K_i$ なる左イデアル K_i が存在するものが取れる．短完全列 $0 \to L_{i-1} \to L_i \to A/K_i \to 0$ に定理 2.29(iii)を適用して，完全列

$$\mathrm{Ext}_A^1(P, L_{i-1}) \to \mathrm{Ext}_A^1(P, L_i) \to \mathrm{Ext}_A^1(P, A/K_i) = 0$$

を得る．よって i に関する帰納法により，任意の i に対して $\mathrm{Ext}_A^1(P, L_i) = 0$.

特に $\mathrm{Ext}_A^1(P,L)=0$. ∎

例題 2.34　R を可換 Noether 環，M, N を R 加群とし，さらに M は有限生成であるとする．また R を含む可換環 S があって，S は R 加群として平坦加群であるとする．このとき

$$\mathrm{Ext}_S^i(S\otimes_R M, S\otimes_R N)\simeq S\otimes_R \mathrm{Ext}_R^i(M,N)$$

を示せ.

［解］　M の自由分解 $P^\bullet\to M$ であって各 P^i が有限生成になっているものを取る．仮定により $S\otimes_R P^\bullet\to S\otimes_R M$ は $S\otimes_R M$ の自由分解である．よって

$$\begin{aligned}\mathrm{Ext}_S^i(S\otimes_R M, S\otimes_R N) &= H^i(\mathrm{Hom}_S(S\otimes_R P^{-\bullet}, S\otimes_R N))\\ &\simeq H^i(\mathrm{Hom}_R(P^{-\bullet}, S\otimes_R N))\end{aligned}$$

が成り立つが，例題 1.30 により，これは $H^i(S\otimes_R \mathrm{Hom}_R(P^{-\bullet},N))$ と同型である．一方，$S\otimes_R \mathrm{Ext}_R^i(M,N)=S\otimes_R H^i(\mathrm{Hom}_R(P^{-\bullet},N))$ である．したがって，一般に R 加群の複体 $W^\bullet$ があるとき，$H^i(S\otimes_R W^\bullet)\simeq S\otimes_R H^i(W^\bullet)$ を示せばよい．完全列

$$0\to \mathrm{Im}\, d_W^{i-1}\to \mathrm{Ker}\, d_W^i\to H^i(W^\bullet)\to 0,$$
$$W^{i-1}\to \mathrm{Im}\, d_W^{i-1}\to 0,\qquad 0\to \mathrm{Im}\, d_W^{i-1}\to W^i,$$
$$0\to \mathrm{Ker}\, d_W^i\to W^i\to W^{i+1}$$

に $S\otimes_R(\bullet)$ を施して，完全列

$$0\to S\otimes_R \mathrm{Im}\, d_W^{i-1}\to S\otimes_R \mathrm{Ker}\, d_W^i\to S\otimes_R H^i(W^\bullet)\to 0,$$
$$S\otimes_R W^{i-1}\to S\otimes_R \mathrm{Im}\, d_W^{i-1}\to 0,\qquad 0\to S\otimes_R \mathrm{Im}\, d_W^{i-1}\to S\otimes_R W^i,$$
$$0\to S\otimes_R \mathrm{Ker}\, d_W^i\to S\otimes_R W^i\to S\otimes_R W^{i+1}$$

を得る．これらから主張は明らか. ∎

命題 2.35　A 加群 M と $n\geqq 0$ に対して以下の条件はすべて同値である.

（i）　任意の A 加群 N と任意の $i>n$ に対して $\mathrm{Ext}_A^i(M,N)=0$.

（ii）　任意の A 加群 N に対して $\mathrm{Ext}_A^{n+1}(M,N)=0$.

（iii）　完全列

$$0\to L_n\to P_{n-1}\to\cdots\to P_1\to P_0\to M\to 0$$

において，各 P_i が射影加群ならば L_n も射影加群である.

（iv）　完全列

$$0 \to P_n \to P_{n-1} \to \cdots \to P_1 \to P_0 \to M \to 0$$

であって，各 P_i が射影加群になるようなものが存在する．

［証明］　(iii)⇒(iv)⇒(i)⇒(ii) は明らかなので，(ii)⇒(iii) を示せばよい．

$R_k = \mathrm{Im}(P_{k+1} \to P_k)$ $(0 \leqq k \leqq n-2)$ とおくとき，以下の短完全列が得られる．

$$0 \to R_0 \to P_0 \to M \to 0,$$
$$0 \to R_k \to P_k \to R_{k-1} \to 0,$$
$$0 \to L_n \to P_{n-1} \to R_{n-2} \to 0.$$

N を勝手な A 加群とする．P_k は射影加群なので $\mathrm{Hom}_A(P_k, \bullet)$ は完全関手である．よって，任意の $n>0$ に対して $\mathrm{Ext}_A^n(P_k, N)=0$ となる（命題 2.18）．そこで定理 2.31 を上の短完全列に適用して，

$$\mathrm{Ext}_A^1(L_n, N) \simeq \mathrm{Ext}_A^2(R_{n-2}, N) \simeq \cdots \simeq \mathrm{Ext}_A^n(R_0, N)$$
$$\simeq \mathrm{Ext}_A^{n+1}(M, N) = 0$$

が分かる．よって定理 2.29(iii) により $\mathrm{Hom}_A(L_n, \bullet)$ は完全関手になる．すなわち L_n は射影加群である．■

A 加群 M に対して命題 2.35 の同値な条件をみたす n が存在するとき，このような n の最小値を M の**射影次元**(projective dimension)，あるいはホモロジー次元，と呼び，$\mathrm{proj.dim}\, M$ で表す．条件をみたす n が存在しないときには $\mathrm{proj.dim}\, M = \infty$ とする．

命題 2.35 とまったく同様にして次が示される．

命題 2.36　A 加群 N と $n \geqq 0$ に対して以下の条件はすべて同値である．

（i）　任意の A 加群 M と任意の $i>n$ に対して $\mathrm{Ext}_A^i(M, N) = 0$.

（ii）　任意の A 加群 M に対して $\mathrm{Ext}_A^{n+1}(M, N) = 0$.

（iii）　完全列

$$0 \to N \to I^0 \to I^1 \to \cdots \to I^{n-1} \to L^n \to 0$$

において，各 I^i が入射加群ならば L^n も入射加群である．

（iv）　完全列

$$0 \to N \to I^0 \to I^1 \to \cdots \to I^{n-1} \to I^n \to 0$$

であって，各 I^i が入射加群になるようなものが存在する． □

A 加群 N に対して命題 2.36 の同値な条件をみたす n が存在するとき，このような n の最小値を N の**入射次元**(injective dimension)，あるいはコホモロジー次元，と呼び，$\mathrm{inj.dim}\, N$ で表す．条件をみたす n が存在しないときには $\mathrm{inj.dim}\, N=\infty$ とする．

また

$$\begin{aligned}&\mathrm{l.gl.dim}\, A\\ &\quad = \sup\{n \mid \text{ある } M, N \in \mathrm{Mod}(A) \text{ が存在して } \mathrm{Ext}^n_A(M,N) \neq 0\}\end{aligned}$$

とおき，これを環 A の**左大域次元**(left global dimension)と呼ぶ．定義から

$$\begin{aligned}\mathrm{l.gl.dim}\, A &= \sup\{\mathrm{proj.dim}\, M \mid M \in \mathrm{Mod}\, A\}\\ &= \sup\{\mathrm{inj.dim}\, N \mid N \in \mathrm{Mod}\, A\}\end{aligned}$$

が成立する．

なお，左 A 加群の代わりに右 A 加群を用いて，**右大域次元**(right global dimension) $\mathrm{r.gl.dim}\, A$ が同様に定義される．一般に，左大域次元と右大域次元は一致するとは限らないが，A が Noether 環ならばこれらは一致することが知られている．$\mathrm{l.gl.dim}\, A=\mathrm{r.gl.dim}\, A$ のとき，これを単に $\mathrm{gl.dim}\, A$ で表す．

有限生成 A 加群の全体を $\mathrm{Mod}^f(A)$ で，また有限生成右 A 加群の全体を $\mathrm{Mod}^f_r(A)$ で表す．

命題 2.37

$$\begin{aligned}\mathrm{l.gl.dim}\, A &= \sup\{\mathrm{proj.dim}\, M \mid M \in \mathrm{Mod}^f(A)\}\\ &= \sup\{\mathrm{proj.dim}\, A/K \mid K \text{ は } A \text{ の左イデアル}\}.\end{aligned}$$

[証明]　$n=\sup\{\mathrm{proj.dim}\, A/K \mid K$ は A の左イデアル$\}$ とおく．定義から

$$\mathrm{l.gl.dim}\, A \geqq \sup\{\mathrm{proj.dim}\, M \mid M \in \mathrm{Mod}^f(A)\} \geqq n$$

なので，$n=\infty$ なら明らか．よって $n<\infty$ のときに，$\mathrm{l.gl.dim}\, A \leqq n$ を示せばよい．したがって任意の $N \in \mathrm{Mod}(A)$ に対して $\mathrm{inj.dim}\, N \leqq n$ を示せばよい．よって命題 2.36 により，完全列

$$0 \to N \to I^0 \to I^1 \to \cdots \to I^{n-1} \to L^n \to 0$$

において各 I^i が入射加群であるとき，L^n も入射加群になることを示せばよい．

K を A の左イデアルとする．I^i は入射加群なので $\mathrm{Ext}_A^k(\bullet, I^i) = 0\ (k>0)$．よって $L^i = \mathrm{Im}(I^{i-1} \to I^i)\ (1 \leqq i \leqq n-1)$ とおいて定まる短完全列

$$0 \to N \to I^0 \to L^1 \to 0,$$

$$0 \to L^i \to I^i \to L^{i+1} \to 0 \quad (1 \leqq i \leqq n-1)$$

に定理 2.29(iii) を適用して，

$$0 = \mathrm{Ext}_A^{n+1}(A/K, N) \simeq \mathrm{Ext}_A^n(A/K, L^1) \simeq \cdots \simeq \mathrm{Ext}_A^1(A/K, L^n)$$

を得る．したがって例題 2.32 により L^n は入射加群であることが分かる． ∎

命題 2.38 A を左 Noether 環とすると $M \in \mathrm{Mod}^f(A)$ に対して

$$\mathrm{proj.dim}\, M = \sup\{n \mid \text{ある } N \in \mathrm{Mod}^f(A) \text{ に対して } \mathrm{Ext}_A^n(M, N) \neq 0\}.$$

さらに $\mathrm{l.gl.dim}\, A < \infty$ ならば

$$\mathrm{proj.dim}\, M = \sup\{n \mid \mathrm{Ext}_A^n(M, A) \neq 0\}.$$

［証明］

$$n_0 = \sup\{n \mid \text{ある } N \in \mathrm{Mod}^f(A) \text{ に対して } \mathrm{Ext}_A^n(M, N) \neq 0\},$$

$$n_1 = \sup\{n \mid \mathrm{Ext}_A^n(M, A) \neq 0\}$$

とおく．定義から明らかに $\mathrm{proj.dim}\, M \geqq n_0 \geqq n_1$ が成り立つ．

まず $\mathrm{proj.dim}\, M = n_0$ を示そう．$n_0 = \infty$ なら明らかなので $n_0 < \infty$ とする．このとき $\mathrm{proj.dim}\, M \leqq n_0$ を示せばよい．命題 2.35 により，完全列

$$0 \to P_{n_0} \to P_{n_0-1} \to \cdots \to P_1 \to P_0 \to M \to 0$$

であって，各 P_i が射影加群になるようなものが存在することを示せばよい．A は左 Noether 環でしかも $M \in \mathrm{Mod}^f(A)$ なので，完全列

$$0 \to L_{n_0} \to P_{n_0-1} \to \cdots \to P_1 \to P_0 \to M \to 0$$

であって，各 P_i が有限生成射影加群になるようなものが存在する．このとき L_{n_0} が射影加群になることを示せばよい．A は左 Noether 環なので L_{n_0} は有限生成である．

$N \in \mathrm{Mod}^f(A)$ とする．P_i は射影加群なので $\mathrm{Ext}_A^k(P_i, \bullet) = 0\ (k>0)$．よって $L_i = \mathrm{Im}(P_i \to P_{i-1})\ (1 \leqq i \leqq n_0-1)$ とおいて定まる短完全列

$$0 \to L_{i+1} \to P_i \to L_i \to 0 \quad (2 \leqq i \leqq n_0 - 1),$$
$$0 \to L_1 \to P_0 \to M \to 0$$

に定理 2.31 を適用して,

$$0 = \mathrm{Ext}_A^{n_0+1}(M, N) \simeq \mathrm{Ext}_A^{n_0}(L_1, N) \simeq \cdots \simeq \mathrm{Ext}_A^1(L_{n_0}, N)$$

を得る．したがって例題 2.33 により L_{n_0} は射影加群であることが分かる．

次に $\mathrm{l.gl.dim}\, A < \infty$ のときに $n_0 \leqq n_1$ を示す．仮定により $n_0 < \infty$ である．よって $\mathrm{Ext}_A^{n_0}(M, A) \neq 0$ を示せばよい．$\mathrm{Ext}_A^{n_0}(M, N) \neq 0$ なる $N \in \mathrm{Mod}^f(A)$ をとる．全射準同型 $f\colon A^{\oplus r} \to N$ $(r < \infty)$ をとり $L = \mathrm{Ker}\, f$ とおく．A は左 Noether 環なので，$L \in \mathrm{Mod}^f(A)$ である．短完全列 $0 \to L \to A^{\oplus r} \to N \to 0$ に定理 2.29(iii) を適用して，完全列

$$\mathrm{Ext}_A^{n_0}(M, A^{\oplus r}) \to \mathrm{Ext}_A^{n_0}(M, N) \to \mathrm{Ext}_A^{n_0+1}(M, L)$$

を得る．$\mathrm{Ext}_A^{n_0+1}(M, L) = 0$ なので $\mathrm{Ext}_A^{n_0}(M, A)^{\oplus r} \simeq \mathrm{Ext}_A^{n_0}(M, A^{\oplus r}) \neq 0$．よって $\mathrm{Ext}_A^{n_0}(M, A) \neq 0$． ∎

A を左 Noether 環であって $\mathrm{l.gl.dim}\, A = n < \infty$ なるものとする．左完全反変関手 $F = \mathrm{Hom}_A(\bullet, A)\colon \mathrm{Mod}(A) \to \mathrm{Mod}_r(A)$，$G = \mathrm{Hom}_A(\bullet, A)\colon \mathrm{Mod}_r(A) \to \mathrm{Mod}(A)$ に対して，Grothendieck のスペクトル系列を求めたときの論法を適用してみよう．

M を有限生成 A 加群とする．仮定により，M の射影分解 $P^\bullet \to M$ であって，$P^k \neq 0 \Longrightarrow -n \leqq k \leqq 0$ でしかも，各 P^k は有限生成射影加群になっているものがとれる．

このとき，$Q^\bullet = F(P^{-\bullet})$ は射影加群の複体で，$G(Q^{-\bullet})$ は複体として $P^\bullet$ と同型である．実際，$S = P^k \oplus T$ となる有限階数の自由 A 加群 S と A 加群 T を取るとき，$F(S) = F(P^k) \oplus F(T)$ であるが，S の階数の有限性から $F(S) = \mathrm{Hom}_A(S, A)$ は自由右 A 加群になることが分かる．よって命題 2.12 により，$Q^{-k} = F(P^k)$ は射影加群になる．また S は有限階数の自由加群なので，自然な準同型写像 $S \to G(F(S))$ は同型写像になる．よって $P^k \to G(F(P^k))$（および $T \to G(F(T))$）も同型写像になる．

§2.4(c) の論法を用いて，複体の可換図式

$$\begin{array}{ccccccccc} 0 \to & R^{0\bullet} & \xrightarrow{d_I^{0\bullet}} & R^{1\bullet} & \xrightarrow{d_I^{1\bullet}} \cdots \xrightarrow{d_I^{n-1\bullet}} & R^{n\bullet} & \to 0 \\ & \downarrow & & \downarrow & & \downarrow & \\ 0 \to & Q^0 & \to & Q^1 & \to \cdots \to & Q^n & \to 0 \end{array}$$

であって，$R^{k\bullet} \to Q^k$ が Q^k の射影分解になっており，$d_I^{k+1\bullet} \circ d_I^{k\bullet} = 0$ が成立するものを構成する(無論 $R^{k\bullet} = Q^k$ とおけばこのようなものはつくれるが，単にこれだけではその後の議論がうまくいかない．§2.4(c) の論法で $R^{k\bullet}$ を構成しておく必要がある)．これから定まる 2 重複体 $R^{\bullet\bullet}$ に $G = \mathrm{Hom}_A(\bullet, A)$ を施して，$\mathrm{Mod}(A)$ における 2 重複体 $K^{\bullet\bullet} = \mathrm{Hom}_A(R^{-\bullet,-\bullet}, A)$ が得られる ($K^{pq} = \mathrm{Hom}_A(R^{-p,-q}, A)$)．このとき，$K^{pq} \neq 0$ ならば $-n \leqq p \leqq 0$ かつ $q \geqq 0$ である．$K^{\bullet\bullet}$ に付随する対角線複体を $K^\bullet$ とする．

仮定により

$$\cdots \to R^{i,-1} \to R^{i0} \to Q^i \to 0$$

は射影加群の完全列なので，

$$0 \to G(Q^i) \to K^{i0} \to K^{i1} \to \cdots$$

も完全列になる．よって

$$H_{II}^q(K^{\bullet\bullet})^\bullet = 0 \quad (q \neq 0), \qquad H_{II}^0(K^{\bullet\bullet})^\bullet = G(Q^{-\bullet}) = G(F(P^\bullet)) \simeq P^\bullet$$

である．したがって命題 2.27 により

$$H^m(K^\bullet) = 0 \quad (m \neq 0), \qquad H^0(K^\bullet) \simeq M$$

が従う．

以下 §2.4(c) の論法を用いて，定理 2.28 にあたる結果が得られる．結論のみ述べるが，読者は各自確認されたい．

定理 2.39　A を左 Noether 環であって有限な左大域次元をもつもの，M を有限生成 A 加群とする．M の部分 A 加群からなる減少列

$$M = \Gamma_0 M \supset \Gamma_1 M \supset \cdots \supset \Gamma_{n+1} M = 0 \qquad (n = \mathrm{l.gl.dim}\, A)$$

と，A 加群の族 E_r^{pq} $(r \geqq 2,\ p, q \in \mathbb{Z})$，および A 加群の準同型写像の族 d_r^{pq}: $E_r^{pq} \to E_r^{p+r, q+r-1}$ $(r \geqq 2,\ p, q \in \mathbb{Z})$ があって，次が成立する．

(i)　$E_r^{pq} = 0 \qquad (p < 0$ または $q < 0)$，

(ii)　$E_2^{pq} = \mathrm{Ext}_A^p(\mathrm{Ext}_A^q(M, A), A)$， (iii)　$d_r^{p+r,q+r-1} \circ d_r^{pq} = 0$,

(iv)　$E_{r+1}^{pq} = H(E_r^{p-r,q-r+1} \to E_r^{pq} \to E_r^{p+r,q+r-1})$,

(v)　$E_r^{pp} \simeq \Gamma_p M/\Gamma_{p+1}M \qquad (r \gg 0)$,

(vi)　$E_r^{pq} = 0 \qquad (p \neq q,\ r \gg 0)$.　□

系 2.40　A を左 Noether 環であって有限な左大域次元をもつものとする．このとき，非零な有限生成 A 加群 M に対して，$\mathrm{Ext}_A^i(M, A) \neq 0$ なる i が存在する．

［証明］　任意の i に対して $\mathrm{Ext}_A^i(M, A) = 0$ とすると，定理 2.39 の記号のもとで $E_2^{pq} = 0$ $(p, q \in \mathbb{Z})$．よって $E_r^{pq} = 0$ $(r \geqq 2,\ p, q \in \mathbb{Z})$．特に $\Gamma_p M/\Gamma_{p+1}M = 0$ $(p \in \mathbb{Z})$．よって $M = 0$．　■

次に，$M \in \mathrm{Mod}(A)$, $N \in \mathrm{Mod}_r(A)$ に対する右完全関手

$$(\bullet) \otimes_A M\colon \mathrm{Mod}_r(A) \to \mathrm{Mod}(\mathbb{Z}), \qquad N \otimes_A (\bullet)\colon \mathrm{Mod}(A) \to \mathrm{Mod}(\mathbb{Z})$$

の導来関手について考えよう．

$(\bullet) \otimes_A M$ の左導来関手 $L_i((\bullet) \otimes_A M)$ と $N \otimes_A (\bullet)$ の左導来関手 $L_i(N \otimes_A (\bullet))$ をそれぞれ

$$\mathrm{Tor}_i^A(\bullet, M)\colon \mathrm{Mod}_r(A) \to \mathrm{Mod}(\mathbb{Z}),$$

$$\overline{\mathrm{Tor}}_i^A(N, \bullet)\colon \mathrm{Mod}(A) \to \mathrm{Mod}(\mathbb{Z})$$

で表す．すなわち，右 A 加群 N の（右射影加群による）射影分解を $P^\bullet \to N$ とするとき，$\mathrm{Tor}_i^A(N, M) = H^{-i}(P^\bullet \otimes_A M)$．また，$A$ 加群 M の射影分解を $Q^\bullet \to M$ とするとき，$\overline{\mathrm{Tor}}_i^A(N, M) = H^{-i}(N \otimes_A Q^\bullet)$．

命題 2.41　$M \in \mathrm{Mod}(A)$, $N \in \mathrm{Mod}_r(A)$ に対して

$$\mathrm{Tor}_i^A(N, M) \simeq \overline{\mathrm{Tor}}_i^A(N, M)$$

が成立する．　□

証明は命題 2.30 と同様である．なお命題 2.30 の証明では，2 重複体 $K^{\bullet\bullet}$ であって $p < 0$ または $q < 0$ ならば $K^{pq} = 0$ となるものを用いたが，今度は $p > 0$ または $q > 0$ ならば $K^{pq} = 0$ となるものを考えなければいけないので，このような 2 重複体に対して命題 2.27 に対応する事実を証明しておく必要がある．詳細は読者に委ねる．

以下，$\mathrm{Tor}_i^A(N, M)$ と $\overline{\mathrm{Tor}}_i^A(N, M)$ を同一視し，ともに $\mathrm{Tor}_i^A(N, M)$ で表

す.

導来関手の一般論から,

定理 2.42

(i)　$\mathrm{Tor}_i^A(N, M) = 0 \qquad (i<0)$.

(ii)　$\mathrm{Tor}_0^A(N, M) = N \otimes_A M$.

(iii)　$0 \to N_1 \to N_2 \to N_3 \to 0$ を右 A 加群の短完全列とするとき,

$$\delta_i\colon \mathrm{Tor}_i^A(N_3, M) \to \mathrm{Tor}_{i-1}^A(N_1, M)$$

が自然に定まり, 長完全列

$$\begin{array}{ccccccc} & & & & \cdots\cdots & \to & \\ \mathrm{Tor}_2^A(N_1, M) & \to & \mathrm{Tor}_2^A(N_2, M) & \to & \mathrm{Tor}_2^A(N_3, M) & \to & \\ \mathrm{Tor}_1^A(N_1, M) & \to & \mathrm{Tor}_1^A(N_2, M) & \to & \mathrm{Tor}_1^A(N_3, M) & \to & \\ \mathrm{Tor}_0^A(N_1, M) & \to & \mathrm{Tor}_0^A(N_2, M) & \to & \mathrm{Tor}_0^A(N_3, M) & \to & 0 \end{array}$$

が得られる.

(iv)　$0 \to M_1 \to M_2 \to M_3 \to 0$ を左 A 加群の短完全列とするとき,

$$\delta_i\colon \mathrm{Tor}_i^A(N, M_3) \to \mathrm{Tor}_{i-1}^A(N, M_1)$$

が自然に定まり, 長完全列

$$\begin{array}{ccccccc} & & & & \cdots\cdots & \to & \\ \mathrm{Tor}_2^A(N, M_1) & \to & \mathrm{Tor}_2^A(N, M_2) & \to & \mathrm{Tor}_2^A(N, M_3) & \to & \\ \mathrm{Tor}_1^A(N, M_1) & \to & \mathrm{Tor}_1^A(N, M_2) & \to & \mathrm{Tor}_1^A(N, M_3) & \to & \\ \mathrm{Tor}_0^A(N, M_1) & \to & \mathrm{Tor}_0^A(N, M_2) & \to & \mathrm{Tor}_0^A(N, M_3) & \to & 0 \end{array}$$

が得られる.　□

S を平坦な A 加群とする. このとき, $(\bullet)\otimes_A S$ は完全関手なので, 任意の右 A 加群 N と任意の $i>0$ に対して $\mathrm{Tor}_i^A(N, S)=0$ が成り立つ. したがって, S は右完全関手 $N\otimes_A(\bullet)$ に関して非輪状加群である. 同様にして, 平坦な右 A 加群は右完全関手 $(\bullet)\otimes_A M$ に関して非輪状加群である. よって, $\mathrm{Tor}_i^A(N, M)$ を計算する際に, M あるいは N の射影分解の代わりに平坦分解を用いてもよい.

以下の事実は, 命題 2.35, 2.36 とまったく同様に証明できる.

命題 2.43　A 加群 M と $n \geqq 0$ に対して以下の条件はすべて同値である.

(i)　任意の右 A 加群 N と任意の $i>n$ に対して $\mathrm{Tor}_i^A(N,M)=0$.

(ii)　任意の右 A 加群 N に対して $\mathrm{Tor}_{n+1}^A(N,M)=0$.

(iii)　完全列

$$0\to L_n\to S_{n-1}\to\cdots\to S_1\to S_0\to M\to 0$$

において，各 S_i が平坦加群ならば L_n も平坦加群である.

(iv)　完全列

$$0\to S_n\to S_{n-1}\to\cdots\to S_1\to S_0\to M\to 0$$

であって，各 S_i が平坦加群になるようなものが存在する.　□

A 加群 M に対して命題 2.43 の同値な条件をみたす n が存在するとき，このような n の最小値を M の**平坦次元**(flat dimension)と呼び，$\mathrm{flat.dim}\,M$ で表す．条件をみたす n が存在しないときには $\mathrm{flat.dim}\,M=\infty$ とする.

なお，右 A 加群についても命題 2.43 と同様の事実が成り立ち，右 A 加群 N の平坦次元 $\mathrm{flat.dim}\,N$ が定義される.

また，ある $M\in\mathrm{Mod}(A)$，$N\in\mathrm{Mod}_r(A)$ について $\mathrm{Tor}_n^A(M,N)\neq 0$ となるような n の上限を環 A の**弱大域次元**(weak global dimension)と呼び，$\mathrm{w.gl.dim}\,A$ で表す.

定義から

$$\begin{aligned}\mathrm{w.gl.dim}\,A&=\sup\{\mathrm{flat.dim}\,M\mid M\in\mathrm{Mod}(A)\}\\&=\sup\{\mathrm{flat.dim}\,N\mid N\in\mathrm{Mod}_r(A)\}\end{aligned}$$

が成立する.

また，射影加群は平坦加群なので，

$$\mathrm{w.gl.dim}\,A\leqq\mathrm{l.gl.dim}\,A,\qquad \mathrm{w.gl.dim}\,A\leqq\mathrm{r.gl.dim}\,A$$

が成立する.

《要約》

2.1　複体，コホモロジー加群，ホモトピー同値，擬同型，写像錐.

2.2　関手，完全関手，左完全関手，右完全関手.

2.3　入射加群，射影加群，入射分解，射影分解，導来関手，長完全列.

2.4　スペクトル系列，2 重複体，Grothendieck のスペクトル系列.

2.5　Ext，射影次元，入射次元，大域次元，Tor，平坦次元，弱大域次元.

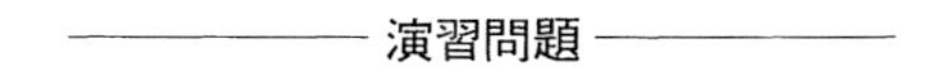

演習問題

2.1　可換図式

$$\begin{array}{ccccccccc}
K^0 & \xrightarrow{a^0} & L^0 & \xrightarrow{b^0} & M^0 & \xrightarrow{c^0} & N^0 & \xrightarrow{d^0} & P^0 \\
{\scriptstyle k}\downarrow & & {\scriptstyle l}\downarrow & & {\scriptstyle m}\downarrow & & {\scriptstyle n}\downarrow & & {\scriptstyle p}\downarrow \\
K^1 & \xrightarrow{a^1} & L^1 & \xrightarrow{b^1} & M^1 & \xrightarrow{c^1} & N^1 & \xrightarrow{d^1} & P^1
\end{array}$$

において，上下の横列が共に完全列で k, l, n, p が同型写像ならば，m も同型写像になることを示せ(5 項補題).

2.2　可換図式

$$\begin{array}{ccccccccc}
 & & 0 & & 0 & & 0 & & \\
 & & \downarrow & & \downarrow & & \downarrow & & \\
0 & \to & L^0 & \xrightarrow{f^0} & M^0 & \xrightarrow{g^0} & N^0 & \to & 0 \\
 & & {\scriptstyle l^0}\downarrow & & {\scriptstyle m^0}\downarrow & & \downarrow{\scriptstyle n^0} & & \\
0 & \to & L^1 & \xrightarrow{f^1} & M^1 & \xrightarrow{g^1} & N^1 & \to & 0 \\
 & & {\scriptstyle l^1}\downarrow & & {\scriptstyle m^1}\downarrow & & \downarrow{\scriptstyle n^1} & & \\
0 & \to & L^2 & \xrightarrow{f^2} & M^2 & \xrightarrow{g^2} & N^2 & \to & 0 \\
 & & \downarrow & & \downarrow & & \downarrow & & \\
 & & 0 & & 0 & & 0 & &
\end{array}$$

において，各縦列は短完全列になっているものとする．このとき，第 1 横列と第 2 横列が共に短完全列ならば，第 3 横列も完全列になることを示せ．また，第 2 横列と第 3 横列が共に短完全列ならば，第 1 横列も完全列になることを示せ(9 項補題).

2.3　蛇の補題(補題 2.2)の証明を述べよ.

2.4　A 加群の直和 $P = \bigoplus_{\lambda \in \Lambda} P_\lambda$ が射影加群であるための必要十分条件は，任意の $\lambda \in \Lambda$ に対して P_λ が射影加群になることであることを示せ.

2.5　$\operatorname{gl.dim} \mathbb{Z} = 1$ を示せ.

2.6　A 加群の短完全列 (E) $0 \to M \xrightarrow{f} L \xrightarrow{g} N \to 0$ があるとき，$\mathrm{Ext}_A^*(\bullet, M)$ により自然に定まる準同型写像

$$\mathrm{Hom}_A(M, M) \to \mathrm{Ext}_A^1(N, M)$$

における id_M の像を $\mathrm{ch}(E) \in \mathrm{Ext}_A^1(N, M)$ とする．このとき，(E) が分裂するための必要十分条件は $\mathrm{ch}(E) = 0$ であることを示せ．

2.7　射影加群は平坦加群であることを示せ．

3 フィルター環

本章では，本書の主題である，フィルター環上のフィルター加群の理論について述べる．

§3.1と§3.2で，フィルター環の典型的な例である，Weyl代数とLie代数の包絡代数について基礎的事項の説明を行う．読者は，この2つの例を念頭に置いて，後に続く一般論の説明を読まれるとよいであろう．§3.3と§3.5は，フィルター環，フィルター加群，特異台に関するごく基本的な事項の説明である．また§3.4で可換代数からの準備を行う．

§3.6と§3.7では，以上の準備のもとで，本書の最終目標であった，特異台に関する2つの基本定理(Gabberの包合性定理と柏原–Gabberの純次元性定理)の証明を述べる．前者の証明においては，非可換環の局所化の理論が本質的役割を果たす．また後者の証明では，ホモロジー代数の手法が縦横に用いられる．この2つの定理においては，それら自身の重要性もさることながら，その証明に用いられる手法自体が，一般性のある興味深いものであり，ここまでたどり着いた読者は，その美しさを堪能されることであろう．

最後の§3.8では，代数幾何の言葉を用いて特異台の幾何学的意味を説明する．

§3.1　Weyl 代数

K を標数 0 の体とする．n 変数の多項式環 $K[x]=K[x_1,\cdots,x_n]$ の K 上の線形変換の全体 $\mathrm{End}_K K[x]$ は，線形変換の合成を積として(非可換な) K 代数になる．これ自体はあまり面白味のない環であるが，この中で，微分作用素の形にかける特別な線形変換の全体は興味深い部分代数をなし，Weyl 代数と呼ばれる．まずその正確な定義を述べよう．

K 代数の単射準同型写像

$$m\colon\ K[x]\to \mathrm{End}_K K[x] \qquad ((m(f))(g)=fg)$$

により，$K[x]$ を $\mathrm{End}_K K[x]$ の部分代数とみなす．したがって，多項式 $f\in K[x]$ を $\mathrm{End}_K K[x]$ の元と思うときは，g に fg を対応させるかけ算作用素を表す．

$D\in \mathrm{End}_K K[x]$ であって，

$$D(fg)=D(f)g+fD(g) \qquad (f,g\in K[x])$$

をみたすもののことを K 代数 $K[x]$ の**導分**(derivation)と呼ぶ．導分の全体を $\mathrm{Der}_K K[x]$ で表す．

多項式 f と導分 D の，$\mathrm{End}_K K[x]$ における積 fD はまた導分なので，$\mathrm{Der}_K K[x]$ は $K[x]$ 加群になる．典型的な導分として変数 x_i $(i=1,\cdots,n)$ に関する偏微分作用素

$$\partial_i\colon\ K[x]\to K[x] \qquad \left(\partial_i(f)=\frac{\partial f}{\partial x_i}\right)$$

がある．

命題 3.1　導分の全体 $\mathrm{Der}_K K[x]$ は，$\{\partial_i\}_{1\leqq i\leqq n}$ を基底とする自由 $K[x]$ 加群である．

[証明]　導分 D に対して $f_i=D(x_i)$ とおくとき，$D=\sum_i f_i\partial_i$ が成立する．実際，導分 $D_1=D-\sum_i f_i\partial_i$ に対して $D_1(x_i)=0$ が任意の i に対して成立しているが，このとき導分の定義により，任意の多項式 f に対して $D_1(f)=0$ が成立する．また，多項式 h_i に関して $D=\sum_i h_i\partial_i=0$ とすると，任意の i に

関して $h_i=D(x_i)=0$ である. ∎

定義 3.2　$\mathrm{End}_K K[x]$ の部分 K 代数であって，$K[x]$ と $\mathrm{Der}_K K[x]$ により生成されるものを **Weyl 代数**(Weyl algebra)と呼び，$A_n(K)$ と書く. □

命題 3.1 により，$A_n(K)$ は $\{x_i\}_{1\leqq i\leqq n}$ と $\{\partial_i\}_{1\leqq i\leqq n}$ により生成されている. したがって，$A_n(K)$ の任意の元は

(3.1)　$$y_1y_2\cdots y_N \qquad (N\geqq 0,\ y_k=x_i \text{ または } \partial_j)$$

の形の元の線形結合として書ける. ここで，関係式

(3.2)　$$x_ix_j=x_jx_i, \qquad \partial_i\partial_j=\partial_j\partial_i, \qquad \partial_ix_j=x_j\partial_i+\delta_{ij}$$

が成り立つことに注意しよう. 3 番目の式は，導分の定義式を書き換えて得られるもう少し一般的な公式

$$Df=fD+D(f) \qquad (D\in \mathrm{Der}_K K[x],\ f\in K[x])$$

の特別な場合である. これらの式を用いると，$A_n(K)$ の元はさらに簡単な形の元の線形結合に直せる. $\alpha=(\alpha_1,\cdots,\alpha_n)\in\mathbb{N}^n$ に対して

$$|\alpha|=\sum_{i=1}^n\alpha_i, \qquad \alpha!=\prod_{i=1}^n\alpha_i!,$$
$$x^\alpha=x_1^{\alpha_1}\cdots x_n^{\alpha_n}, \qquad \partial^\alpha=\partial_1^{\alpha_1}\cdots\partial_n^{\alpha_n}$$

とおく.

命題 3.3　$\{x^\alpha\partial^\beta\mid\alpha,\beta\in\mathbb{N}^n\}$ は，$A_n(K)$ の K 上の基底をなす.

[証明]　まず，$A_n(K)$ の任意の元 Q が $x^\alpha\partial^\beta$ の形の元の線形結合でかけることを示す. Q は(3.1)の形の元としてよい. このとき，

$$Q\in\sum_{\alpha,\beta\in\mathbb{N}^n}Kx^\alpha\partial^\beta$$

を N に関する帰納法で示す. $N=0,1$ なら明らか. $N\geqq 2$ とする. $y_2\cdots y_N$ に帰納法の仮定を適用して $y_2\cdots y_N=x^\alpha\partial^\beta$ としてよい. もしも $y_1=x_i$ なら $Q=x_ix^\alpha\partial^\beta$，$y_1=\partial_j$ なら $Q=(\partial_j(x^\alpha))\partial^\beta+x^\alpha\partial_j\partial^\beta$ なので主張が成立する.

次に，$\{x^\alpha\partial^\beta\mid\alpha,\beta\in\mathbb{N}^n\}$ の線形独立性を示そう. 自明でない線形関係式

$$Q=\sum_{\alpha,\beta}c_{\alpha\beta}x^\alpha\partial^\beta=0$$

が存在するとする. $c_{\alpha\beta}\neq 0$ なる α が存在するような β のうちで，$|\beta|$ が最小

になるものをひとつ選び，それを γ とする．このとき，$c_{\alpha\beta} \neq 0$ かつ $\beta \neq \gamma$ ならば $\partial^\beta(x^\gamma)=0$，また $\partial^\gamma(x^\gamma)=\gamma!$ が簡単にわかる．よって $Q(x^\gamma)=0$ より，

$$\gamma! \sum_\alpha c_{\alpha\gamma} x^\alpha = 0.$$

ところが K は標数 0 の体だったので $\gamma! \neq 0$．よって任意の α に対して $c_{\alpha\gamma}=0$．これは γ の取り方に反して矛盾．よって自明でない線形関係は存在しない．∎

以上，Weyl 代数 $A_n(K)$ を $\mathrm{End}_K K[x]$ の部分代数として定義し，その表示を与えたが，より抽象的に生成元と基本関係で定義することも可能であり，その方が理論展開に有用な場合もある．

命題 3.4　式(3.2)は，$A_n(K)$ の生成系 $\{x_i, \partial_i \mid 1 \leqq i \leqq n\}$ に関する基本関係である．

［証明］　$\{\hat{x}_i, \hat{\partial}_i \mid 1 \leqq i \leqq n\}$ を生成系とし，式(3.2)において x_i, ∂_j をそれぞれ $\hat{x}_i, \hat{\partial}_j$ で置き換えて得られる式を基本関係とする K 代数を，$\hat{A}_n(K)$ とする．このとき K 代数の全射準同型写像

$$\varphi\colon \hat{A}_n(K) \to A_n(K) \qquad (\hat{x}_i \mapsto x_i,\ \hat{\partial}_i \mapsto \partial_i)$$

が定まるが，これが同型写像であることを示せばよい．命題 3.3 の証明の前半とまったく同様の議論により，$\hat{A}_n(K)$ の任意の元は $\hat{x}^\alpha \hat{\partial}^\beta$ の形の元の線形結合でかける．ところが，これらに φ を施して得られる $x^\alpha \partial^\beta$ の全体は，$A_n(K)$ 中で線形独立だったので，もちろん $\hat{x}^\alpha \hat{\partial}^\beta$ の全体は $\hat{A}_n(K)$ 中で線形独立でなければならない．よって，$\{\hat{x}^\alpha \hat{\partial}^\beta \mid \alpha, \beta \in \mathbb{N}^n\}$ は $\hat{A}_n(K)$ の基底をなす．したがって，φ は同型写像である．∎

命題 3.4 により，K 代数 $A_n(K)$ の自己同型写像が

$$\mathcal{F}\colon A_n(K) \to A_n(K) \qquad (x_i \mapsto \partial_i,\ \partial_i \mapsto -x_i)$$

により定まる．これを $A_n(K)$ の **Fourier 変換**(Fourier transform)と呼ぶ．

$$P = \sum_{\alpha \in \mathbb{N}^n} f_\alpha \partial^\alpha \in A_n(K) \qquad (f_\alpha \in K[x])$$

に対して，$\max\{|\alpha| \mid f_\alpha \neq 0\}$ を微分作用素 P の**階数**(order)と呼ぶ．階数 p 以下の微分作用素の全体からなる $A_n(K)$ の部分空間を F_p で表す．また $p<$

0 のときは $F_p=0$ とする．

一般に環 A の元 a,b に対して，

$$[a,b]=ab-ba$$

とおく．

補題 3.5

(i)　$1\in F_0$,

(ii)　$F_p\subset F_{p+1}$,

(iii)　$F_pF_q\subset F_{p+q}$,

(iv)　$[F_p,F_q]\subset F_{p+q-1}$,

(v)　$A_n(K)=\bigcup_{p\in\mathbb{Z}}F_p$.

［証明］　(i), (ii), (v) は明らかである．(iii), (iv) を示すには，$(f\partial^\alpha)(g\partial^\beta)\in fg\partial^{\alpha+\beta}+F_{|\alpha|+|\beta|-1}$ を示せばよい．それには $\partial^\alpha g\in g\partial^\alpha+F_{|\alpha|-1}$ を示せばよい．これを $|\alpha|$ に関する帰納法で示す．$|\alpha|=0$ なら明らか．$|\alpha|=p>0$ とすると，$\partial^\alpha=\partial^\beta\partial_i$ $(|\beta|=p-1)$ と書ける．このとき帰納法の仮定により

$$\begin{aligned}\partial^\alpha g&=\partial^\beta\partial_i g=\partial^\beta g\partial_i+\partial^\beta\cdot\partial_i(g)\\&\in(g\partial^\beta\partial_i+F_{p-1})+(\partial_i(g)\cdot\partial^\beta+F_{p-2})\subset g\partial^\alpha+F_{p-1}.\end{aligned}$$

よって主張が示された．∎

$F=\{F_p\mid p\geqq 0\}$ を $A_n(K)$ の階数によるフィルターと呼ぶ．

$$\operatorname{gr}A_n(K)=\bigoplus_{p=0}^{\infty}F_p/F_{p-1}$$

とおく．$\sigma_p\colon F_p\to F_p/F_{p-1}\subset\operatorname{gr}A_n(K)$ を自然な準同型写像とするとき，補題3.5(iii)により，$\operatorname{gr}A_n(K)$ 上の積が

$$\sigma_p(a)\,\sigma_q(b)=\sigma_{p+q}(ab)\qquad(a\in F_p,\ b\in F_q)$$

により矛盾なく定まり，$\operatorname{gr}A_n(K)$ は K 代数になる．また，補題3.5(iv)により，$\operatorname{gr}A_n(K)$ は可換な K 代数であることが分かる．

命題 3.6　$K[y,\xi]=K[y_1,\cdots,y_n,\xi_1,\cdots,\xi_n]$ を $2n$ 変数の多項式環とする．このとき，K 代数の同型写像 $K[y,\xi]\to\operatorname{gr}A_n(K)$ が $y_i\mapsto\sigma_0(x_i)$，$\xi_i\mapsto\sigma_1(\partial_i)$ により定まる．

［証明］　$\operatorname{gr} A_n(K)$ は可換な K 代数なので，K 代数の準同型写像 $K[y,\xi] \to \operatorname{gr} A_n(K)$ が $y_i \mapsto \sigma_0(x_i)$，$\xi_i \mapsto \sigma_1(\partial_i)$ により定まる．これが同型写像になることを示せばよい．このことは，命題3.3と

$$\sigma_{|\beta|}(x_1^{\alpha_1}\cdots x_n^{\alpha_n}\partial_1^{\beta_1}\cdots\partial_n^{\beta_n}) = \sigma_0(x_1)^{\alpha_1}\cdots\sigma_0(x_n)^{\alpha_n}\sigma_1(\partial_1)^{\beta_1}\cdots\sigma_1(\partial_n)^{\beta_n}$$

から明らか．■

以下，$\operatorname{gr} A_n(K)$ を $K[y,\xi]$ と同一視する．また，誤解の恐れは少ないので $y_i = \sigma_0(x_i)$ を x_i で表す．すなわち

$$\operatorname{gr} A_n(K) = K[x,\xi] \qquad (x_i = \sigma_0(x_i),\ \xi_i = \sigma_1(\partial_i)).$$

$\alpha = (\alpha_1, \cdots, \alpha_n) \in \mathbb{N}^n$ に対して $\xi^\alpha = \xi_1^{\alpha_1}\cdots\xi_n^{\alpha_n}$ とおくと，階数 p 以下の微分作用素 $P = \sum_{|\alpha| \leqq p} f_\alpha \partial^\alpha \in F_p$ $(f_\alpha \in K[x])$ に対して

$$\sigma_p(P) = \sum_{|\alpha| = p} f_\alpha \xi^\alpha \in K[x,\xi]$$

が成り立つ．$\sigma_p(P)$ を P のシンボルという．

§3.2　Lie 代数の包絡代数

まず Lie 代数の定義から始めよう．

定義 3.7　体 K 上のベクトル空間 $\mathfrak{g}$ 上に双線形な積

$$[\ ,\ ]\colon\ \mathfrak{g}\times\mathfrak{g} \to \mathfrak{g} \qquad ((a,b) \mapsto [a,b])$$

が与えられていて以下の2条件がみたされるとき，$\mathfrak{g}$ を K 上の Lie 代数と呼ぶ:

（i）　$[a,b]+[b,a] = 0,$

（ii）（Jacobi 等式）　$[a,[b,c]]+[b,[c,a]]+[c,[a,b]] = 0.$　□

任意の K 代数 A は，$[a,b] = ab-ba$ により Lie 代数になる．

特に K 上のベクトル空間 M の線形変換の全体 $\operatorname{End}_K(M)$ は Lie 代数になる．$\operatorname{End}_K(M)$ および $M_n(K) = \operatorname{End}_K(K^n)$ を Lie 代数とみなすときは，これらをそれぞれ $\mathfrak{gl}(V)$, $\mathfrak{gl}_n(K)$ とかくことが多い．また $\mathfrak{gl}_n(K)$ の部分空間

$$\mathfrak{sl}_n(K) = \{x \in \mathfrak{gl}_n(K) \mid \operatorname{tr}(x) = 0\},$$

$$\mathfrak{o}_n(K) = \{x \in \mathfrak{gl}_n(K) \mid {}^t x + x = 0\}$$

は [,] に関して閉じているので，やはり Lie 代数になる．

$\mathfrak{g}_1, \mathfrak{g}_2$ を K 上の Lie 代数とするとき，線形写像 $f\colon \mathfrak{g}_1 \to \mathfrak{g}_2$ であって $f([a,b]) = [f(a), f(b)]$ $(a, b \in \mathfrak{g}_1)$ をみたすもののことを，Lie 代数の**準同型写像**(homomorphism)と呼ぶ．

$\mathfrak{g}$ を K 上の Lie 代数とする．K 上のベクトル空間 M と Lie 代数の準同型写像 $\rho\colon \mathfrak{g} \to \mathrm{End}_K(M)$ の組 (ρ, M) が与えられたとき，これを Lie 代数 $\mathfrak{g}$ の**表現**(representation)と呼ぶ．

包絡代数の定義を述べよう．$\mathfrak{g}$ を体 K 上の Lie 代数とする．ベクトル空間 $\mathfrak{g}$ のテンソル代数を

$$T\mathfrak{g} = \bigoplus_{p=0}^{\infty} T^p\mathfrak{g} \qquad (T^p\mathfrak{g} = \mathfrak{g}^{\otimes p})$$

とし，$i_0\colon \mathfrak{g} \to T\mathfrak{g}$ を $\mathfrak{g} = T^1\mathfrak{g} \subset T\mathfrak{g}$ により定まる自然な埋め込みとする．$\{i_0([a,b]) - (i_0(a)i_0(b) - i_0(b)i_0(a)) \mid a, b \in \mathfrak{g}\}$ により生成される $T\mathfrak{g}$ のイデアルを I とするとき，$U(\mathfrak{g}) := T\mathfrak{g}/I$ により定まる K 代数 $U(\mathfrak{g})$ を $\mathfrak{g}$ の**包絡代数**(enveloping algebra)と呼ぶ．$i\colon \mathfrak{g} \to U(\mathfrak{g})$ を i_0 により引き起こされる自然な写像とする．$[a,b] = ab - ba$ により $U(\mathfrak{g})$ を Lie 代数とみなすとき，i は Lie 代数の準同型写像になる．

包絡代数は次の普遍写像性質により特徴づけられる．

命題 3.8　$\mathfrak{g}$ を体 K 上の Lie 代数，$i\colon \mathfrak{g} \to U(\mathfrak{g})$ を自然な写像とする．K 代数 A と Lie 代数の準同型写像 $j\colon \mathfrak{g} \to A$ が与えられたとき，K 代数の準同型写像 $\varphi\colon U(\mathfrak{g}) \to A$ であって，$j = \varphi \circ i$ をみたすものが唯ひとつ存在する．

［証明］　$i_0\colon \mathfrak{g} \to T\mathfrak{g}$ を自然な埋め込みとする．テンソル代数の普遍写像性質により，K 代数の準同型写像 $\psi\colon T\mathfrak{g} \to A$ であって，$j = \psi \circ i_0$ をみたすものが唯ひとつ存在する．このとき $\psi(i_0([a,b]) - (i_0(a)i_0(b) - i_0(b)i_0(a))) = 0$ $(a, b \in \mathfrak{g})$ を示せばよい．j は Lie 代数の準同型写像だったので，

$$\psi(i_0([a,b])) = j([a,b]) = j(a)j(b) - j(b)j(a) = \psi(i_0(a)i_0(b) - i_0(b)i_0(a)).$$

よって示された．　■

$\rho\colon \mathfrak{g} \to \mathrm{End}_K(M)$ を Lie 代数 $\mathfrak{g}$ の表現とする．包絡代数の普遍写像性質により，K 代数の準同型写像 $\tilde{\rho}\colon U(\mathfrak{g}) \to \mathrm{End}_K(M)$ であって，$\rho = \tilde{\rho} \circ i$ をみた

すものが唯ひとつ存在する．すなわち，K 代数 $U(\mathfrak{g})$ の表現が定まる(言い換えると M 上に $U(\mathfrak{g})$ 加群の構造が定まる)．また逆に，包絡代数 $U(\mathfrak{g})$ の表現 $\tilde{\rho}\colon U(\mathfrak{g}) \to \mathrm{End}_K(M)$ が与えられたとき，$\rho = \tilde{\rho} \circ i$ により $\rho\colon \mathfrak{g} \to \mathrm{End}_K(M)$ を定めると，これは Lie 代数 $\mathfrak{g}$ の表現を与える．この対応により Lie 代数 $\mathfrak{g}$ の表現と $U(\mathfrak{g})$ 加群は 1 対 1 に対応する．したがって Lie 代数 $\mathfrak{g}$ の表現論とは，$U(\mathfrak{g})$ 加群の研究に他ならない．

$p \geqq 0$ に対して，$U(\mathfrak{g})$ の部分空間 F_p を

$$F_p := \mathrm{Im}\Big(\bigoplus_{k=0}^{p} T^k\mathfrak{g} \to U(\mathfrak{g})\Big)$$

で定める．このとき明らかに次が成立する：

(i)　$1 \in F_0$,

(ii)　$F_p \subset F_{p+1}$,

(iii)　$F_pF_q \subset F_{p+q}$,

(iv)　$U(\mathfrak{g}) = \bigcup_{p\in\mathbb{Z}} F_p$.

したがって

$$\mathrm{gr}\,U(\mathfrak{g}) = \bigoplus_{p=0}^{\infty} F_p/F_{p-1}$$

上の環構造が

$$\sigma_p(a)\,\sigma_q(b) = \sigma_{p+q}(ab) \qquad (a \in F_p,\ b \in F_q)$$

により定まる．ただし $\sigma_p\colon F_p \to F_p/F_{p-1} \subset \mathrm{gr}\,U(\mathfrak{g})$ は自然な準同型写像とする．

命題 3.9　$\mathrm{gr}\,U(\mathfrak{g})$ は可換環である．

［証明］　$\mathrm{gr}\,U(\mathfrak{g})$ は $\{\sigma_1(i(a)) \mid a \in \mathfrak{g}\}$ により生成されるので，

$$\sigma_1(i(a))\sigma_1(i(b)) = \sigma_1(i(b))\sigma_1(i(a)) \qquad (a, b \in \mathfrak{g})$$

を示せばよい．ところが

$$\begin{aligned}\sigma_1(i(a))\sigma_1(i(b)) - \sigma_1(i(b))\sigma_1(i(a)) &= \sigma_2(i(a)i(b) - i(b)i(a)) \\ &= \sigma_2(i([a,b])) = 0.\end{aligned}$$

よって主張は示された．　∎

このことは $[F_p, F_q] \subset F_{p+q-1}$ と同値である．また次とも同値である．

補題 3.10　$a_1, \cdots, a_p \in \mathfrak{g}$ とする．$\{1, \cdots, p\}$ の置換 τ に対して，

$$i(a_1)\cdots i(a_p) - i(a_{\tau(1)})\cdots i(a_{\tau(p)}) \in F_{p-1}. \qquad \square$$

定理 3.11（Poincaré–Birkhoff–Witt の定理）　$\mathfrak{g}$ を体 K 上の Lie 代数とする．また $\{a_\lambda \mid \lambda \in \Lambda\}$ を $\mathfrak{g}$ の基底とし，添字集合 Λ には全順序集合の構造がはいっているものとする．このとき，（順序を保つ）単項式の全体

$$\mathcal{B} = \{i(a_{\lambda_1})\, i(a_{\lambda_2}) \cdots i(a_{\lambda_p}) \mid p \in \mathbb{N},\ \lambda_1 \leqq \lambda_2 \leqq \cdots \leqq \lambda_p\}$$

は $U(\mathfrak{g})$ の K 上の基底になる．

［証明］　まず $U(\mathfrak{g})$ が $\mathcal{B}$ により張られていることを示そう．それには，$F_p \subset U' := \sum_{b \in \mathcal{B}} Kb$ を任意の p について証明すればよい．$p=0$ なら明らかなので，p に関する帰納法で，$p>0$ かつ $F_{p-1} \subset U'$ としてよい．このとき $\lambda_1, \cdots, \lambda_p \in \Lambda$ に対して，$i(a_{\lambda_1})\cdots i(a_{\lambda_p}) \in U'$ を示せばよい．補題 3.10 により，$\{1, \cdots, r\}$ の任意の置換 τ に対して，

$$i(a_{\lambda_1})\cdots i(a_{\lambda_p}) - i(a_{\lambda_{\tau(1)}})\cdots i(a_{\lambda_{\tau(p)}}) \in F_{p-1}$$

が成立する．ここで τ として $\lambda_{\tau(1)} \leqq \lambda_{\tau(2)} \leqq \cdots \leqq \lambda_{\tau(p)}$ となるものを取るとき，$i(a_{\lambda_{\tau(1)}})\cdots i(a_{\lambda_{\tau(p)}}) \in \mathcal{B}$ なので $i(a_{\lambda_1})\cdots i(a_{\lambda_p}) \in U' + F_{p-1} = U'$ となり主張が示された．

次に $\mathcal{B}$ の線形独立性を示す．それには $U(\mathfrak{g})$ の表現 $\rho\colon U(\mathfrak{g}) \to \mathrm{End}_K(M)$ であって，$\{\rho(b) \mid b \in \mathcal{B}\}$ が線形独立になるようなものを構成すればよい．

Λ の元の有限増大列 $\lambda_1 \leqq \cdots \leqq \lambda_p$ に対して記号 $a(\lambda_1, \cdots, \lambda_p)$ を用意し，

$$\mathcal{C}_p = \{a(\lambda_1, \cdots, \lambda_p) \mid \lambda_1 \leqq \cdots \leqq \lambda_p\}$$

を基底とする K 上のベクトル空間を M_p とする．また $M^p = \bigoplus_{q=0}^{p} M_q$，$M = \bigoplus_{p=0}^{\infty} M_p$ とおく．一般の Λ の元の列 $(\lambda_1, \cdots, \lambda_p)$ に対しては，$\lambda_{\tau(1)} \leqq \cdots \leqq \lambda_{\tau(p)}$ をみたす置換 τ をとり，$a(\lambda_1, \cdots, \lambda_p) := a(\lambda_{\tau(1)}, \cdots, \lambda_{\tau(p)}) \in M_p$ とおく．

まず，双線形写像 $\mathfrak{g} \times M \to M$ $((a, m) \mapsto am)$ であって，

$$\mathfrak{g}M^p \subset M^{p+1}, \qquad a_\lambda a(\lambda_1, \cdots, \lambda_p) \in a(\lambda, \lambda_1, \cdots, \lambda_p) + M^p$$

となるものを，以下のように p に関して帰納的に定義する．$p=0$ のときは $\mathfrak{g} \times M^0 \to M^1$ を $a_\lambda a(\ ) = a(\lambda)$ により定義する．$p>0$ とし，双線形写像 $\mathfrak{g} \times M^{p-1} \to M^p$ であって，任意の $q<p$ に対して $\mathfrak{g}M^q \subset M^{q+1}$，$a_\lambda a(\lambda_1, \cdots, \lambda_q) \in$

$a(\lambda, \lambda_1, \cdots, \lambda_q)+M^q$ となるものが定まっているとする．このとき，$\mathfrak{g}\times M^{p-1}\to M^p$ を拡張して，双線形写像 $\mathfrak{g}\times M^p\to M^{p+1}$ を次のように定める．$\lambda\leqq\lambda_1\leqq\cdots\leqq\lambda_p$ のときは，$a_\lambda a(\lambda_1, \cdots, \lambda_p)=a(\lambda, \lambda_1, \cdots, \lambda_p)$ とする．また $\lambda>\lambda_1\leqq\cdots\leqq\lambda_p$ のときは，

$$(3.3)\quad a_\lambda a(\lambda_1, \cdots, \lambda_p) = [a_\lambda, a_{\lambda_1}]a(\lambda_2, \cdots, \lambda_p)+a(\lambda, \lambda_1, \cdots, \lambda_p) +a_{\lambda_1}(a_\lambda a(\lambda_2, \cdots, \lambda_p)-a(\lambda, \lambda_2, \cdots, \lambda_p))$$

とする．ここで，

$$a(\lambda_2, \cdots, \lambda_p),\ a_\lambda a(\lambda_2, \cdots, \lambda_p)-a(\lambda, \lambda_2, \cdots, \lambda_p)\in M^{p-1}$$

により，(3.3)の右辺の第1項と第3項はすでに定義されていることに注意されたい．また $\mathfrak{g}M^p\subset M^{p+1}$, $a_\lambda a(\lambda_1, \cdots, \lambda_p)\in a(\lambda, \lambda_1, \cdots, \lambda_p)+M^p$ は定義から明らか．以上により $\mathfrak{g}\times M\to M$ $((a, m)\mapsto am)$ が定義された．

次に，線形写像 $\mathfrak{g}\to \mathrm{End}_K(M)$ $(a\mapsto(m\mapsto am))$ が Lie 代数の準同型写像になることを示そう．それには

$$(3.4)\quad a_\lambda a_\mu a(\lambda_1, \cdots, \lambda_p)-a_\mu a_\lambda a(\lambda_1, \cdots, \lambda_p) = [a_\lambda, a_\mu]a(\lambda_1, \cdots, \lambda_p)$$

を示せばよい．$\lambda=\mu$ のときは(3.4)の両辺が0になるので明らか．また(3.4)において λ と μ を入れ替えた式はもとの(3.4)と同値な式なので，$\lambda>\mu$ としておいてもよいことに注意しておく．

そこで(3.4)を p に関する帰納法で示す．$p=0$ のときは，$\lambda>\mu$ に対して，

$$\begin{aligned} a_\lambda a_\mu a(\ ) &= a_\lambda a(\mu) \\ &= [a_\lambda, a_\mu]a(\ )+a(\lambda, \mu)+a_\mu(a_\lambda a(\ )-a(\lambda)) \\ &= [a_\lambda, a_\mu]a(\ )+a_\mu a(\lambda)+a_\mu(a_\lambda a(\ )-a(\lambda)) \\ &= [a_\lambda, a_\mu]a(\ )+a_\mu a_\lambda a(\ ) \end{aligned}$$

となり(3.4)が成立する．次に $p>0$ で $p-1$ まで主張が成立しているとする．$\lambda_1\leqq\cdots\leqq\lambda_p$ としておいてよい．まず λ と μ の少なくとも一方が λ_1 以下のときは，先ほどの注意により $\lambda>\mu\leqq\lambda_1$ としてよい．このとき

$$\begin{aligned} a_\lambda a_\mu a(\lambda_1, \cdots, \lambda_p) &= a_\lambda a(\mu, \lambda_1, \cdots, \lambda_p) \\ &= [a_\lambda, a_\mu]a(\lambda_1, \cdots, \lambda_p)+a(\lambda, \mu, \lambda_1, \cdots, \lambda_p) \\ &\quad +a_\mu(a_\lambda a(\lambda_1, \cdots, \lambda_p)-a(\lambda, \lambda_1, \cdots, \lambda_p)) \end{aligned}$$

$$
\begin{aligned}
&= [a_\lambda, a_\mu]a(\lambda_1, \cdots, \lambda_p) + a_\mu a(\lambda, \lambda_1, \cdots, \lambda_p) \\
&\quad + a_\mu(a_\lambda a(\lambda_1, \cdots, \lambda_p) - a(\lambda, \lambda_1, \cdots, \lambda_p)) \\
&= [a_\lambda, a_\mu]a(\lambda_1, \cdots, \lambda_p) + a_\mu a_\lambda a(\lambda_1, \cdots, \lambda_p)
\end{aligned}
$$

より(3.4)が成立する．したがって $\lambda > \lambda_1$ かつ $\mu > \lambda_1$ の場合に考えればよい．このとき

$$
\begin{aligned}
&a_\mu a(\lambda_1, \cdots, \lambda_p) \\
&\quad = [a_\mu, a_{\lambda_1}]a(\lambda_2, \cdots, \lambda_p) + a(\mu, \lambda_1, \cdots, \lambda_p) \\
&\quad\quad + a_{\lambda_1}(a_\mu a(\lambda_2, \cdots, \lambda_p) - a(\mu, \lambda_2, \cdots, \lambda_p)) \\
&\quad = [a_\mu, a_{\lambda_1}]a(\lambda_2, \cdots, \lambda_p) + a_{\lambda_1} a(\mu, \lambda_2, \cdots, \lambda_p) \\
&\quad\quad + a_{\lambda_1}(a_\mu a(\lambda_2, \cdots, \lambda_p) - a(\mu, \lambda_2, \cdots, \lambda_p))
\end{aligned}
$$

となるが，

$$
a(\lambda_2, \cdots, \lambda_p),\ a_\mu a(\lambda_2, \cdots, \lambda_p) - a(\mu, \lambda_2, \cdots, \lambda_p) \in M^{p-1}
$$

なので帰納法の仮定により，

$$
\begin{aligned}
&a_\lambda[a_\mu, a_{\lambda_1}]a(\lambda_2, \cdots, \lambda_p) \\
&\quad = [a_\lambda, [a_\mu, a_{\lambda_1}]]a(\lambda_2, \cdots, \lambda_p) + [a_\mu, a_{\lambda_1}]a_\lambda a(\lambda_2, \cdots, \lambda_p), \\
&a_\lambda a_{\lambda_1}(a_\mu a(\lambda_2, \cdots, \lambda_p) - a(\mu, \lambda_2, \cdots, \lambda_p)) \\
&\quad = [a_\lambda, a_{\lambda_1}](a_\mu a(\lambda_2, \cdots, \lambda_p) - a(\mu, \lambda_2, \cdots, \lambda_p)) \\
&\quad\quad + a_{\lambda_1} a_\lambda(a_\mu a(\lambda_2, \cdots, \lambda_p) - a(\mu, \lambda_2, \cdots, \lambda_p)).
\end{aligned}
$$

また $\lambda_1 < \mu$, $\lambda_1 \leqq \lambda_2$ なので

$$
\begin{aligned}
&a_\lambda a_{\lambda_1} a(\mu, \lambda_2, \cdots, \lambda_p) \\
&\quad = [a_\lambda, a_{\lambda_1}]a(\mu, \lambda_2, \cdots, \lambda_p) + a_{\lambda_1} a_\lambda a(\mu, \lambda_2, \cdots, \lambda_p).
\end{aligned}
$$

したがって

$$
\begin{aligned}
&a_\lambda a_\mu a(\lambda_1, \cdots, \lambda_p) \\
&\quad = [a_\lambda, [a_\mu, a_{\lambda_1}]]a(\lambda_2, \cdots, \lambda_p) + [a_\mu, a_{\lambda_1}]a_\lambda a(\lambda_2, \cdots, \lambda_p) \\
&\quad\quad + [a_\lambda, a_{\lambda_1}]a_\mu a(\lambda_2, \cdots, \lambda_p) + a_{\lambda_1} a_\lambda a_\mu a(\lambda_2, \cdots, \lambda_p).
\end{aligned}
$$

同様に

$$
\begin{aligned}
&a_\mu a_\lambda a(\lambda_1, \cdots, \lambda_p) \\
&\quad = [a_\mu, [a_\lambda, a_{\lambda_1}]]a(\lambda_2, \cdots, \lambda_p) + [a_\lambda, a_{\lambda_1}]a_\mu a(\lambda_2, \cdots, \lambda_p) \\
&\quad\quad + [a_\mu, a_{\lambda_1}]a_\lambda a(\lambda_2, \cdots, \lambda_p) + a_{\lambda_1} a_\mu a_\lambda a(\lambda_2, \cdots, \lambda_p).
\end{aligned}
$$

よって帰納法の仮定により

$$
\begin{aligned}
&a_\lambda a_\mu a(\lambda_1, \cdots, \lambda_p) - a_\mu a_\lambda a(\lambda_1, \cdots, \lambda_p) \\
&\quad = [a_\lambda, [a_\mu, a_{\lambda_1}]]a(\lambda_2, \cdots, \lambda_p) - [a_\mu, [a_\lambda, a_{\lambda_1}]]a(\lambda_2, \cdots, \lambda_p) \\
&\qquad + a_{\lambda_1} a_\lambda a_\mu a(\lambda_2, \cdots, \lambda_p) - a_{\lambda_1} a_\mu a_\lambda a(\lambda_2, \cdots, \lambda_p) \\
&\quad = ([a_\lambda, [a_\mu, a_{\lambda_1}]] - [a_\mu, [a_\lambda, a_{\lambda_1}]] + a_{\lambda_1}[a_\lambda, a_\mu])a(\lambda_2, \cdots, \lambda_p) \\
&\quad = ([a_\lambda, [a_\mu, a_{\lambda_1}]] - [a_\mu, [a_\lambda, a_{\lambda_1}]] + [a_{\lambda_1}[a_\lambda, a_\mu]])a(\lambda_2, \cdots, \lambda_p) \\
&\qquad + [a_\lambda, a_\mu]a_{\lambda_1} a(\lambda_2, \cdots, \lambda_p) \\
&\quad = [a_\lambda, a_\mu]a(\lambda_1, \cdots, \lambda_p).
\end{aligned}
$$

ここで最後に Jacobi 等式を用いた．以上により(3.4)が示された．したがって $\mathfrak{g} \to \mathrm{End}_K(M)$ $(a \mapsto (m \mapsto am))$ は Lie 代数の準同型写像になることが分かった．

このとき，包絡代数の普遍写像性質によって，$U(\mathfrak{g})$ の表現 $\rho\colon U(\mathfrak{g}) \to \mathrm{End}_K(M)$ が $(\rho(i(a)))(m) = am$ $(a \in \mathfrak{g},\ m \in M)$ により定まる．定義から，$b = i(a_{\lambda_1}) \cdots i(a_{\lambda_p}) \in \mathcal{B}$ $(\lambda_1 \leqq \cdots \leqq \lambda_p)$ に対して，$(\rho(b))(a(\ )) = a(\lambda_1, \cdots, \lambda_p)$ となるので，$\{(\rho(b))(a(\ )) \mid b \in \mathcal{B}\}$ は線形独立．よって $\mathcal{B}$ も線形独立である．　■

したがって特に $i\colon \mathfrak{g} \to U(\mathfrak{g})$ は単射になる．これにより $\mathfrak{g}$ を $U(\mathfrak{g})$ の部分空間とみなして，$i(a)$ $(a \in \mathfrak{g})$ を単に a とかく．

$\mathrm{gr}\, U(\mathfrak{g})$ は可換環だったので，$\mathfrak{g}$ の対称代数 $S(\mathfrak{g})$ の普遍写像性質により，K 代数の準同型写像 $\kappa\colon S(\mathfrak{g}) \to \mathrm{gr}\, U(\mathfrak{g})$ が $\kappa(a) = \sigma_1(i(a))$ $(a \in \mathfrak{g})$ により定まる．

定理 3.12　$\kappa\colon S(\mathfrak{g}) \to \mathrm{gr}\, U(\mathfrak{g})$ は K 代数の同型写像である．

［証明］　$\mathfrak{g}$ の基底 $\{a_\lambda \mid \lambda \in \Lambda\}$ をひとつとり，添字集合 Λ 上の全順序をひとつ定める．このとき

$$\{a_{\lambda_1} a_{\lambda_2} \cdots a_{\lambda_p} \mid p \in \mathbb{N},\ \lambda_1 \leqq \lambda_2 \leqq \cdots \leqq \lambda_p\}$$

は $S(\mathfrak{g})$ の K 上の基底になる．よって

$$\{\sigma_p(a_{\lambda_1} a_{\lambda_2} \cdots a_{\lambda_p}) \mid p \in \mathbb{N},\ \lambda_1 \leqq \lambda_2 \leqq \cdots \leqq \lambda_p\}$$

が $\mathrm{gr}\, U(\mathfrak{g})$ の K 上の基底になることを示せばよい．これは定理 3.11(と補題 3.10)から明らか．　■

§3.3 フィルター

まず言葉遣いから始めよう.

環 A の部分加法群の族 $F=\{F_pA\,|\,p\in\mathbb{N}\}$ であって,

(i) $1\in F_0A$,

(ii) $F_pA\subset F_{p+1}A$,

(iii) $(F_pA)(F_qA)\subset F_{p+q}A$,

(iv) $A=\bigcup_{p\in\mathbb{N}}F_pA$

をみたすものが与えられたとき, F を A の**フィルター**(filtration)といい, 組 (A,F) を**フィルター環**(filtered ring)と呼ぶ. $\sigma_p\colon F_pA\to F_pA/F_{p-1}A$ を自然な準同型写像とすると,

$$\operatorname{gr}A=\bigoplus_{p=0}^{\infty}F_pA/F_{p-1}A\qquad(F_{-1}A=0)$$

上の積が

$$\sigma_p(a)\,\sigma_q(b)=\sigma_{p+q}(ab)\qquad(a\in F_pA,\ b\in F_qA)$$

により矛盾なく定まり, これにより $\operatorname{gr}A$ は環になる.

一般に環 A の**ブラケット積**(bracket product)を

$$[\ ,\ ]\colon A\times A\to A\qquad([a,b]=ab-ba)$$

により定める. フィルター環 (A,F) においてさらに

(v) $[F_pA,F_qA]\subset F_{p+q-1}A$

が成立するとき, (A,F) は **擬可換な**(quasi-commutative)フィルター環であるという. この条件は $\operatorname{gr}A$ が可換環になることと同値である.

以下, この節では (A,F) をフィルター環とする.

A 加群 M の部分加法群の族 $F=\{F_pM\,|\,p\in\mathbb{Z}\}$ であって,

(i) $F_pM\subset F_{p+1}M$,

(ii) 十分大きな p に対して, $F_{-p}M=0$,

(iii) $(F_pA)(F_qM)\subset F_{p+q}M$,

(iv) $M=\bigcup_{p\in\mathbb{Z}}F_pM$

をみたすものが与えられたとき，F を M の**フィルター**(filtration)といい，組 (M,F) を**フィルター A 加群**(filtered A-module)と呼ぶ．(M,F) をフィルター A 加群，$\tau_p\colon F_pM\to F_pM/F_{p-1}M$ を自然な準同型写像とするとき，

$$\mathrm{gr}^F M=\bigoplus_{p\in\mathbb{Z}} F_pM/F_{p-1}M$$

は

$$\sigma_p(a)\,\tau_q(m)=\tau_{p+q}(am)\qquad (a\in F_pA,\ b\in F_qM)$$

により $\mathrm{gr}\,A$ 加群になる．また，右 A 加群に対しても同様にフィルターの概念が定義され，フィルター右 A 加群 (M,F) に対して右 $\mathrm{gr}\,A$ 加群 $\mathrm{gr}^F M$ が定まる．

命題 3.13　M を A 加群とする．

(i)　F を M のフィルターであって $\mathrm{gr}^F M$ が有限生成 $\mathrm{gr}\,A$ 加群になるものとする．このとき，有限個の整数 $p_k\ (k=1,\cdots,r)$ と $m_k\in F_{p_k}M$ であって，任意の p に対して $F_pM=\sum_{p\geqq p_k}(F_{p-p_k}A)m_k$ となるものが存在する．特に，M は $m_1,\cdots,m_k$ により生成される有限生成 A 加群である．

(ii)　M を有限生成 A 加群とし，$m_1,\cdots,m_k$ をその生成系とする．$p_k\in\mathbb{Z}\ (k=1,\cdots,r)$ について $F_pM=\sum_{p\geqq p_k}(F_{p-p_k}A)m_k$ とおくとき，F は M のフィルターでしかも $\mathrm{gr}^F M$ は有限生成 $\mathrm{gr}\,A$ 加群になる．

[証明]　(i)　$\mathrm{gr}^F M$ の生成元 $n_1,\cdots,n_r$ をとり，$n_k=\sum_p n_{kp}$　$(n_{kp}\in F_pM/F_{p-1}M)$ とする．このとき $\mathrm{gr}^F M$ は $n_{kp}\ (k=1,\cdots,r,\ p\in\mathbb{Z})$ により生成され，また有限個の (k,p) を除いて $n_{kp}=0$．したがってはじめから，$n_k=\tau_{p_k}(m_k)\,(m_k\in F_{p_k}M)$ としておいてよい．以下 $F_pM=\sum_{p_k\leqq p}(F_{p-p_k}A)m_k$ を p に関する帰納法で示す．p が十分小さいときは，M のフィルター F に関する条件(ii)により明らか．p まで正しいとする．$m\in F_{p+1}M$ とすると，$\tau_{p+1}(m)=\sum_{p_k\leqq p+1}\sigma_{p+1-p_k}(a_k)n_k\ (a_k\in F_{p+1-p_k}A)$ と書ける．このとき $m-\sum_{p_k\leqq p+1}a_km_k\in F_pM$．したがって帰納法の仮定から

$$F_{p+1}M\subset\sum_{p_k\leqq p+1}(F_{p+1-p_k}A)m_k+F_pM=\sum_{p_k\leqq p+1}(F_{p+1-p_k}A)m_k\,.$$

これにより $p+1$ についても主張が示された.

(ii)　F がフィルターになることは明らかである. また明らかに $\mathrm{gr}^F M$ は $\tau_{p_k}(m_k)$ $(k=1,\cdots,r)$ により生成される. ■

系 3.14　M を A 加群とするとき, 以下の 2 つの条件は同値である:

(i)　M は有限生成 A 加群である.

(ii)　M のフィルター F であって, $\mathrm{gr}^F M$ が有限生成 $\mathrm{gr}\, A$ 加群となるものが存在する. □

有限生成 A 加群 M のフィルター F であって $\mathrm{gr}^F M$ が有限生成 $\mathrm{gr}\, A$ 加群になるもののことを, M の**よいフィルター**(good filtration)と呼ぶ. また (M,F) をよいフィルター A 加群という.

命題 3.15　M を有限生成 A 加群とする. F,G をともに M のよいフィルターとするとき, 整数 a,b であって任意の $p\in\mathbb{Z}$ に対して

$$F_pM \subset G_{p+a}M, \qquad G_pM \subset F_{p+b}M$$

となるものが存在する.

[証明]　命題 3.13 により, M の元 m_k $(1\leqq k\leqq r)$ と整数 p_k $(1\leqq k\leqq r)$ であって, $F_pM=\sum_{p\geqq p_k}(F_{p-p_k}A)m_k$ をみたすものがとれる. $m_k\in G_{q_k}M$ なる $q_k\in\mathbb{Z}$ をとり q_k-p_k の最大値を a とするとき,

$$\begin{aligned} F_pM &= \sum_{p\geqq p_k}(F_{p-p_k}A)m_k \subset \sum_{p\geqq p_k}(F_{p-p_k}A)G_{q_k}M \\ &\subset \sum_{p\geqq p_k} G_{p+(q_k-p_k)}M \subset G_{p+a}M. \end{aligned}$$

まったく同様に, $G_pM\subset F_{p+b}M$ をみたす b の存在が分かる. ■

(M,F) をフィルター A 加群, $f\colon M\to N$ を A 加群の全射準同型写像とする. このとき N のフィルター F が $F_pN=f(F_pM)$ により定まる. これを M のフィルター F から定まる N のフィルターと呼ぶ. (M,F) がよいフィルター A 加群ならば, (N,F) もよいフィルター A 加群になる. 実際, f により $\mathrm{gr}\, A$ 加群の準同型写像 $\mathrm{gr}^F M\to\mathrm{gr}^F N$ が自然に引き起こされるが, これは全射である. よって $\mathrm{gr}^F M$ が有限生成 $\mathrm{gr}\, A$ 加群なら $\mathrm{gr}^F N$ も有限生成 $\mathrm{gr}\, A$ 加群になる.

次に (M,F) をフィルター A 加群，N を M の部分 A 加群とする．このとき N のフィルター F が $F_pN=F_pM\cap N$ により定まる．これを M のフィルター F から定まる N のフィルターと呼ぶ．$\mathrm{gr}\,A$ が左 Noether 環で，(M,F) がよいフィルター A 加群ならば，(N,F) もよいフィルター A 加群になる．実際，$\mathrm{gr}^F N$ は自然に $\mathrm{gr}^F M$ の部分 $\mathrm{gr}\,A$ 加群とみなせる．$\mathrm{gr}\,A$ は左 Noether 環なので，$\mathrm{gr}^F M$ が有限生成 $\mathrm{gr}\,A$ 加群なら $\mathrm{gr}^F N$ も有限生成 $\mathrm{gr}\,A$ 加群になる．

命題 3.16　$\mathrm{gr}\,A$ が左(右) Noether 環になるならば，A は左(右) Noether 環である．

[証明]　$\mathrm{gr}\,A$ が左 Noether 環になるとする．I を A の左イデアルとする．左 A 加群 I のフィルターを $F_pI=I\cap F_pA$ により定めるとき，仮定により $\mathrm{gr}^F I$ は有限生成 $\mathrm{gr}\,A$ 加群．したがって系 3.14 により，I は有限生成左 A 加群，すなわち，左イデアルとして有限生成． ∎

(M,F)，(N,F) をフィルター A 加群とするとき，A 加群の準同型写像 $f\colon M\to N$ であって，$f(F_pM)\subset F_pN$ をみたすものを**フィルター準同型写像** (filtered homomorphism) と呼ぶ．さらに $f(F_pM)=\mathrm{Im}\,f\cap F_pN$ が成立するとき，f は**厳密**(strict)であるという．

$M^\bullet$ が A 加群の複体で，各 M^i にはフィルター F が与えられており，これに関して d_M^i がフィルター準同型写像になっているとき，$(M^\bullet,F)$ を A 加群の**フィルター複体**(filtered complex)と呼ぶ．各 M^i がよいフィルター A 加群になっているとき，$(M^\bullet,F)$ はよいフィルター複体であるという．また各 d_M^i が厳密なとき，$(M^\bullet,F)$ は厳密なフィルター複体であるという．

$(M^\bullet,F)$ を A 加群のフィルター複体とするとき，$d_M^i\colon M^i\to M^{i+1}$ は $\mathrm{gr}\,A$ 加群の準同型写像 $\mathrm{gr}(d_M^i)\colon \mathrm{gr}^F M^i\to\mathrm{gr}^F M^{i+1}$ を導き，これにより $\mathrm{gr}\,A$ 加群の複体 $(\{\mathrm{gr}^F M^i\},\{\mathrm{gr}(d_M^i)\})$ が定まる．これを $\mathrm{gr}^F M^\bullet$ と記す．また，コホモロジー加群 $H^i(M^\bullet)=\mathrm{Ker}\,d_M^i/\mathrm{Im}\,d_M^{i-1}$ 上のフィルター F が

$$F_p(H^i(M^\bullet))=(\mathrm{Ker}\,d_M^i\cap F_pM^i+\mathrm{Im}\,d_M^{i-1})/\mathrm{Im}\,d_M^{i-1}$$

により定まる．このとき，$\mathrm{gr}\,A$ 加群の準同型写像

$$\mathrm{gr}^F H^i(M^\bullet)\to H^i(\mathrm{gr}^F M^\bullet)$$

が自然に定まるが(§2.4(a)の議論を参照)，これは一般には同型写像になるとは限らない.

$\mathrm{gr}\,A$ が左 Noether 環で，$(M^\bullet, F)$ がよいフィルター複体ならば，$(H^i(M^\bullet), F)$ はよいフィルター加群になることが容易に分かる.

スペクトル系列のひとつの応用を述べよう.

命題 3.17

（i） $(M^\bullet, F)$ を A 加群の厳密なフィルター複体とするとき，$\mathrm{gr}\,A$ 加群の同型

$$\mathrm{gr}^F H^i(M^\bullet) \simeq H^i(\mathrm{gr}^F M^\bullet)$$

が成立する.

（ii） $\mathrm{gr}\,A$ を左 Noether 環，$(M^\bullet, F)$ を A 加群のよいフィルター複体とする．このとき次のスペクトル系列が得られる．すなわち，$\mathrm{gr}\,A$ 加群の複体の族 $\{X(r)^\bullet\}_{r=0}^{\infty}$ があって，次が成立する.

(a) $X(0)^\bullet = \mathrm{gr}^F M^\bullet$.

(b) $H^i(X(r)^\bullet) \simeq X(r+1)^i$.

(c) $r \gg 0$ ならば $X(r)^i \simeq \mathrm{gr}^F H^i(M^\bullet)$.

特に $\mathrm{gr}^F H^i(M^\bullet)$ は $H^i(\mathrm{gr}^F M^\bullet)$ の部分商になる．すなわち，$H^i(\mathrm{gr}^F M^\bullet)$ の部分 $\mathrm{gr}\,A$ 加群 $N_1 \supset N_2$ が存在して $\mathrm{gr}^F H^i(M^\bullet) \simeq N_1/N_2$ が成立する.

[証明] $(M^\bullet, F)$ を次数 0 の $\mathbb{Z}$ 列付き複体と思い，これから定まるスペクトル系列 $\{X(r)^\bullet\}$ を考える(§2.4(a)を参照．その他の記号も §2.4(a)に従う)．このとき $X(r)^\bullet$ は自然に $\mathrm{gr}\,A$ 加群の複体になることが容易に分かる.

$N^i = \mathrm{Im}\, d_M^{i-1} \subset M^i$ 上の 2 つのフィルター F と G を

$$F_p N^i = F_p M^i \cap N^i, \qquad G_p N^i = d_M^{i-1}(F_p M^{i-1})$$

により定める．(ii)の仮定のもとでは，F と G はともに N^i のよいフィルターなので命題 3.15 により $F_p N^i \subset G_{p+a_i} N^i$ をみたす $a_i \in \mathbb{Z}$ が存在する．また，(i)の仮定のもとでは，$F=G$ なので $a_i = 0$ と取れる．このとき，次が成立する:

$$(3.5) \qquad Z(r)_p^i + F_{p-1}M^i = Z(\infty)_p^i + F_{p-1}M^i \quad (r > a_{i+1}),$$

$$(3.6) \qquad B(r)_p^i + F_{p-1}M^i = B(\infty)_p^i + F_{p-1}M^i \quad (r > a_i).$$

実際，$r>a_i$ のとき

$$B(r)^i_p = F_pM^i \cap d^{i-1}_M(F_{p+r-1}M^{i-1}) = F_pN^i \cap G_{p+r-1}N^i = F_pN^i$$
$$= B(\infty)^i_p.$$

また $r>a_{i+1}$ で $x\in Z(r)^i_p$ とすると，

$$d^i_M(x) \in F_{p-r}N^{i+1} \subset G_{p-r+a_{i+1}}N^{i+1} \subset G_{p-1}N^{i+1} = d^i_M(F_{p-1}M^i)$$

なので，ある $y\in F_{p-1}M^i$ があって $x-y\in F_pM^i\cap \operatorname{Ker} d^i_M = Z(\infty)^i_p$. したがって $x\in Z(\infty)^i_p+F_{p-1}M^i$ が分かる．以上により(3.5), (3.6)が示された．

よって $r>a_i, a_{i+1}$ のとき，$X(r)^i\simeq \operatorname{gr}^F H^i(M^\bullet)$ が成り立つ．(ii) が示された．また，(i) の仮定のもとでは，$\operatorname{gr}^F H^i(M^\bullet)\simeq X(1)^i = H^i(\operatorname{gr}^F M^\bullet)$ が成り立つ．∎

§3.4　可換環論から

R を可換環とするとき，その任意の積閉集合は左分母条件および右分母条件を自動的にみたす．$\mathfrak{p}$ を可換環 R の素イデアルとするとき，$R\backslash\mathfrak{p}$ は R の積閉集合になるが，$(R\backslash\mathfrak{p})^{-1}R$ を $R_\mathfrak{p}$ で表す．また，R 加群 M に対して，$(R\backslash\mathfrak{p})^{-1}M = R_\mathfrak{p}\otimes_R M$ を $M_\mathfrak{p}$ で表す．$i\colon R\to R_\mathfrak{p}$ を自然な準同型写像とするとき，$R_\mathfrak{p}$ は $i(\mathfrak{p})R_\mathfrak{p}$ を唯ひとつの極大イデアルとする局所環になる．$i(\mathfrak{p})R_\mathfrak{p}$ を通常単に $\mathfrak{p}R_\mathfrak{p}$ と記すことが多い．

次の事実は容易に示される．

補題 3.18　R を可換環とするとき，R 加群 M に関して以下の条件は同値である．

(i)　$M\neq 0$.

(ii)　ある極大イデアル $\mathfrak{m}$ に対して $M_\mathfrak{m}\neq 0$.　□

R を可換環，M を R 加群とするとき，R の素イデアル $\mathfrak{p}$ であって，$M_\mathfrak{p}\neq 0$ となるもの全部の集合を M の**台**(support)と呼び，$\operatorname{Supp}(M)$ で表す．R が可換 Noether 環で，M が有限生成 R 加群ならば，$\operatorname{Supp}(M)$ は，M の**零化イデアル**(annihilator)

$$\operatorname{Ann}_R M = \{r\in R \mid rM = 0\}$$

を含む R の素イデアル全部の集合と一致する(堀田[5]を参照).

以下この節では R を可換 Noether 環とする．有限生成 R 加群 M に対して，$\mathrm{Supp}(M)$ の極小元(M の極小素因子)の集合を $\mathrm{Supp}_0(M)$ で表す．任意の $\mathfrak{p} \in \mathrm{Supp}(M)$ に対して，$\mathfrak{p}_1 \subset \mathfrak{p}$ なる $\mathfrak{p}_1 \in \mathrm{Supp}_0(M)$ が存在する(Zorn の補題).

補題 3.19　有限生成 R 加群の短完全列 $0 \to M_1 \to M_2 \to M_3 \to 0$ があるとき，$\mathrm{Supp}(M_2) = \mathrm{Supp}(M_1) \cup \mathrm{Supp}(M_3)$ が成立する．特に，$\mathrm{Supp}_0(M_2)$ は $\mathrm{Supp}_0(M_1) \cup \mathrm{Supp}_0(M_3)$ の極小元の集合と一致する.

[証明]　$\mathrm{Ann}_R M_2 \subset \mathrm{Ann}_R M_1$ なので $\mathrm{Supp}(M_2) \supset \mathrm{Supp}(M_1)$. 同様に，$\mathrm{Supp}(M_2) \supset \mathrm{Supp}(M_3)$. $\mathfrak{p} \in \mathrm{Supp}(M_2)$ とすると $\mathrm{Ann}_R M_3 \mathrm{Ann}_R M_1 \subset \mathrm{Ann}_R M_2 \subset \mathfrak{p}$ であるが，$\mathfrak{p}$ は素イデアルなので，$\mathrm{Ann}_R M_3 \subset \mathfrak{p}$ または $\mathrm{Ann}_R M_1 \subset \mathfrak{p}$. よって $\mathfrak{p} \in \mathrm{Supp}(M_3)$ または $\mathfrak{p} \in \mathrm{Supp}(M_1)$. ∎

R の素イデアルの真の増大列

$$\mathfrak{p}_0 \subsetneq \mathfrak{p}_1 \subsetneq \cdots \subsetneq \mathfrak{p}_n \subsetneq R$$

に対して，n をその**長さ**(length)という．上のような増大列をすべて考えるときの，それらの長さの上限を R の **Krull 次元**(Krull dimension)と呼び，$\dim R$ で表す．また，R 加群 M に対して

$$d_R(M) = \dim(R/\mathrm{Ann}_R M)$$

とおく($M=0$ のときは $d_R(M) = -\infty$ と解釈する).

補題 3.20　有限生成 R 加群の短完全列 $0 \to M_1 \to M_2 \to M_3 \to 0$ があるとき，

$$d_R(M_2) = \max\{d_R(M_1), d_R(M_3)\}$$

が成立する.

[証明]　定義から $d_R(M) = \sup\{d_R(R/\mathfrak{p}) \mid \mathfrak{p} \in \mathrm{Supp}(M)\}$. よって主張は補題 3.19 から明らか. ∎

補題 3.21　M を有限生成 R 加群とするとき，

$$d_R(M) = \max\{d_{R_\mathfrak{m}}(M_\mathfrak{m}) \mid \mathfrak{m} \text{ は } R \text{ の極大イデアル}\}$$

が成立する.

[証明]　$\mathfrak{m}$ を R の極大イデアル，$i\colon R \to R_\mathfrak{m}$ を自然な写像とする．この

とき，R のイデアル(素イデアル)であって $\mathfrak{m}$ に含まれるものの集合と，$R_\mathfrak{m}$ のイデアル(素イデアル)の集合は，対応 $I \leftrightarrow i(I)R_\mathfrak{m}$，$i^{-1}(J) \leftrightarrow J$ により1対1に対応する．よって $\mathfrak{m} \supset \mathrm{Ann}_R M$ のとき，$\mathfrak{m}$ に含まれる素イデアル $\mathfrak{p}$ に対して，$\mathfrak{p} \supset \mathrm{Ann}_R M$ と $i(\mathfrak{p})R_\mathfrak{m} \supset \mathrm{Ann}_{R_\mathfrak{m}} M_\mathfrak{m}$ が同値であることを示せばよい．$\mathrm{Ann}_{R_\mathfrak{m}} M_\mathfrak{m}$ に対応する R の $\mathfrak{m}$ に含まれるイデアルは

$$J = \{a \in R \mid \text{ある } s \in R \backslash \mathfrak{m} \text{ に対して } sa \in \mathrm{Ann}_R M\}$$

になるので，$\mathfrak{p} \supset \mathrm{Ann}_R M$ と $\mathfrak{p} \supset J$ が同値であることを示せばよい．$\mathrm{Ann}_R M \subset J$ なので，$\mathfrak{p} \supset \mathrm{Ann}_R M$ ならば $\mathfrak{p} \supset J$ を示せばよい．$a \in J$ とする．$sa \in \mathrm{Ann}_R M$ なる $s \in R\backslash\mathfrak{m}$ をとるとき $sa \in \mathfrak{p}$，$s \notin \mathfrak{p}$ より，$a \in \mathfrak{p}$．したがって主張が示された． ∎

R を Noether 局所環，$\mathfrak{m}$ をその極大イデアルとする．M を Artin R 加群とすると，中山の補題により $\mathfrak{m}^n M = 0$ をみたす n が存在する．よって M の部分 R 加群の列

$$0 = M^0 \subset M^1 \subset \cdots \subset M^r = M$$

であって，各 $i = 1, \cdots, r$ に対して

$$M^i / M^{i-1} \simeq R/\mathfrak{m}$$

が成り立つものが存在する．このとき，r を M の**長さ**と呼ぶ．明らかに

$$r = \sum_{k=0}^{\infty} \dim_{R/\mathfrak{m}} (\mathfrak{m}^k M / \mathfrak{m}^{k+1} M)$$

が成り立つ．

補題 3.22　有限生成 R 加群 M の $\mathfrak{p} \in \mathrm{Supp}_0(M)$ における局所化 $M_\mathfrak{p}$ は非零な Artin $R_\mathfrak{p}$ 加群になる．

[証明]　まず，M の部分 R 加群の列

$$0 = M^0 \subset M^1 \subset \cdots \subset M^r = M$$

であって，各 $i = 1, \cdots, r$ に対して

$$M^i / M^{i-1} \simeq R/\mathfrak{p}_i \qquad (\mathfrak{p}_i \text{ は } R \text{ の素イデアル})$$

が成り立つものが存在することを示そう．M の部分 R 加群であって上のような部分列をもつもの全体の集合 $\mathcal{S}$ を考える．R は Noether 環なので $\mathcal{S}$ は極大元 N をもつ．このとき $M = N$ を示せばよい．$M \neq N$ と仮定する．R

のイデアルの集合

$$\mathcal{T} = \{\mathrm{Ann}_R(m) \mid m \in M/N,\ m \neq 0\}$$

の1つの極大元を $\mathrm{Ann}_R(m_0)$ $(m_0 \in M/N,\ m_0 \neq 0)$ とする．ただし $\mathrm{Ann}_R(m) = \{a \in R \mid am = 0\}$．このとき，$R/\mathrm{Ann}_R(m_0) \simeq Rm_0 \subset M/N$．したがって，$\mathrm{Ann}_R(m_0)$ が素イデアルになることを示せばよい．$\mathrm{Ann}_R(m_0) \neq R$ は明らかである．$a, b \in R$, $ab \in \mathrm{Ann}_R(m_0)$, $b \notin \mathrm{Ann}_R(m_0)$ とする．$bm_0 \neq 0$ なので $\mathrm{Ann}_R(bm_0) \in \mathcal{T}$．$\mathrm{Ann}_R(m_0) \subset \mathrm{Ann}_R(bm_0)$ および $\mathrm{Ann}_R(m_0)$ の極大性により $\mathrm{Ann}_R(m_0) = \mathrm{Ann}_R(bm_0)$．ところが $ab \in \mathrm{Ann}_R(m_0)$ なので $abm_0 = 0$，すなわち $a \in \mathrm{Ann}_R(bm_0) = \mathrm{Ann}_R(m_0)$．よって M 上に上のような部分 R 加群の列が存在することが分かった．

このとき明らかに，任意の i について $\mathrm{Ann}_R M \subset \mathfrak{p}_i$．また $\mathfrak{p}$ を $\mathrm{Ann}_R M$ を含む素イデアルとすると，$\mathfrak{p}_1 \cdots \mathfrak{p}_r \subset \mathrm{Ann}_R M \subset \mathfrak{p}$ となるが，$\mathfrak{p}$ は素イデアルなので，ある i について $\mathfrak{p}_i \subset \mathfrak{p}$．したがって，$\mathrm{Supp}_0(M)$ は $\{\mathfrak{p}_i \mid i = 1, \cdots, r\}$ の極小元の集合と一致する．

$\mathfrak{p} \in \mathrm{Supp}_0(M)$ とする．局所化の完全性から $M_\mathfrak{p}$ の部分 $R_\mathfrak{p}$ 加群の列

$$0 = M_\mathfrak{p}^0 \subset M_\mathfrak{p}^1 \subset \cdots \subset M_\mathfrak{p}^r = M_\mathfrak{p}$$

が定まり，各 $i = 1, \cdots, r$ に対して

$$M_\mathfrak{p}^i / M_\mathfrak{p}^{i-1} \simeq (M^i/M^{i-1})_\mathfrak{p} \simeq (R/\mathfrak{p}_i)_\mathfrak{p} = \begin{cases} R_\mathfrak{p}/\mathfrak{p}R_\mathfrak{p} & (\mathfrak{p} = \mathfrak{p}_i) \\ 0 & (\mathfrak{p} \neq \mathfrak{p}_i). \end{cases}$$

したがって，$M_\mathfrak{p}$ は非零 Artin $R_\mathfrak{p}$ 加群で，その長さは $\mathfrak{p}_i = \mathfrak{p}$ をみたす i の数と一致する．∎

$\mathfrak{p} \in \mathrm{Supp}_0(M)$ に対して，$R_\mathfrak{p}$ 加群 $M_\mathfrak{p}$ の長さを $\ell_\mathfrak{p}(M)$ とかく．このとき補題 3.22 の証明の記号のもとで，

$$\ell_\mathfrak{p}(M) = \sharp\{i \mid \mathfrak{p}_i = \mathfrak{p}\}$$

となる．よって次が従う(局所化の完全性からも明らかである)．

補題 3.23　有限生成 R 加群の短完全列 $0 \to M_1 \to M_2 \to M_3 \to 0$ があるとき，$\mathfrak{p} \in \mathrm{Supp}_0(M_2)$ に対して $\ell_\mathfrak{p}(M_2) = \ell_\mathfrak{p}(M_1) + \ell_\mathfrak{p}(M_3)$ が成立する．ただし $\mathfrak{p} \in \mathrm{Supp}_0(M_2) \setminus \mathrm{Supp}_0(M_i)$ $(i = 1, 3)$ のときは $\ell_\mathfrak{p}(M_i) = 0$ とみなす．□

命題 3.24　R を有限な大域次元をもつ可換 Noether 環，M を有限生成 R 加群とする．

(i)　$\mathrm{Supp}(M) = \bigcup_j \mathrm{Supp}(\mathrm{Ext}^j_R(M,R))$．

(ii)　$d_R(M) = \max\{d_R(\mathrm{Ext}^j_R(M,R)) \mid j \in \mathbb{Z}\}$．

(iii)　$\mathrm{Supp}_0(M)$ は $\bigcup_j \mathrm{Supp}_0(\mathrm{Ext}^j_R(M,R))$ の極小元の集合と一致する．

(iv)　$M \neq 0$ ならばある j に対して $\mathrm{Ext}^j_R(M,R) \neq 0$ が成立する．

[証明]　$a \in R$ に対して $f_a \in \mathrm{End}_R(M)$ を $f_a(m) = am$ により定める．このとき $\mathrm{Ext}^j_R(M,R)$ への $a \in R$ の作用は f_a により導かれる．よって $aM=0$ ならば $a\,\mathrm{Ext}^j_R(M,R)=0$．すなわち $\mathrm{Ann}_R M \subset \mathrm{Ann}_R(\mathrm{Ext}^j_R(M,R))$．したがって $\mathrm{Supp}(\mathrm{Ext}^j_R(M,R)) \subset \mathrm{Supp}(M)$．同様に $\mathrm{Supp}(\mathrm{Ext}^k_R(\mathrm{Ext}^j_R(M,R),R)) \subset \mathrm{Supp}(\mathrm{Ext}^j_R(M,R))$．

また，定理 2.39 により，M の有限なフィルター Γ であって $\mathrm{gr}^\Gamma_j(M)$ が $\mathrm{Ext}^j_R(\mathrm{Ext}^j_R(M,R),R)$ の部分商になるようなものが存在する．よって補題 3.19 により

$$\mathrm{Supp}(M) = \bigcup_j \mathrm{Supp}(\mathrm{gr}^\Gamma_j M) \subset \bigcup_j \mathrm{Supp}(\mathrm{Ext}^j_R(\mathrm{Ext}^j_R(M,R),R))$$
$$\subset \bigcup_j \mathrm{Supp}(\mathrm{Ext}^j_R(M,R)).$$

以上により (i) が示された．他は (i) から容易に分かる．■

R を Noether 局所環，$\mathfrak{m}$ をその極大イデアル，$K=R/\mathfrak{m}$ を剰余体とするとき，不等式

$$\dim R \leqq \dim_K \mathfrak{m}/\mathfrak{m}^2$$

が成立することが知られている．ただし $\dim_K \mathfrak{m}/\mathfrak{m}^2$ は $\mathfrak{m}/\mathfrak{m}^2$ の K 上のベクトル空間としての次元を表す．ここで，等号 $\dim R = \dim_K \mathfrak{m}/\mathfrak{m}^2$ が成立するとき，R を**正則局所環**(regular local ring)と呼ぶ．このとき次が知られている．証明は，成書にゆずる(堀田[5], 松村[6]を参照)．

命題 3.25

(i)　R を Noether 局所環とするとき，R の大域次元 $\mathrm{gl.dim}\,A$ が有限であることと，R が正則局所環になることは同値である．

(ii) R を正則局所環とするとき次が成立する.

(a) $\dim R = \mathrm{gl.dim}\, R$.

(b) $\mathfrak{p}$ を R の素イデアルとするとき，$R_{\mathfrak{p}}$ も正則局所環で,
$$d_R(R/\mathfrak{p}) + \dim R_{\mathfrak{p}} = \dim R.$$

(c) $$\mathrm{Ext}_R^j(R/\mathfrak{m}, R) = \begin{cases} R/\mathfrak{m} & (j = \dim R) \\ 0 & (j \neq \dim R). \end{cases}$$

(d) R は整域である. □

Noether 環 R であって，その任意の極大イデアル $\mathfrak{m}$ に対して $R_{\mathfrak{m}}$ が Krull 次元 n の正則局所環になるものを，純次元 n の**正則環**(regular ring)という. 例えば，体 K 上の n 変数多項式環は純次元 n の正則環である.

一般に Noether 環 R 上の有限生成加群 M に対して
$$cd_R(M) = \min\{j \mid \mathrm{Ext}_R^j(M, R) \neq 0\}$$
とおく(任意の j に対して $\mathrm{Ext}_R^j(M, R) = 0$ となるときは $cd_R(M) = \infty$ と解釈する).

補題 3.26 有限生成 R 加群の短完全列 $0 \to M_1 \to M_2 \to M_3 \to 0$ があるとき,
$$cd_R(M_2) \geqq \min\{cd_R(M_1),\ cd_R(M_3)\}$$
が成立する.

[証明] 完全列
$$\mathrm{Ext}_R^j(M_3, R) \to \mathrm{Ext}_R^j(M_2, R) \to \mathrm{Ext}_R^j(M_1, R)$$
と $cd_R(M_i)$ の定義から明らか. ■

命題 3.27 R を純次元 n の正則環とする.

(i) $\mathrm{gl.dim}\, R = n$.

(ii) 任意の有限生成 R 加群 $M \neq 0$ に対して
$$cd_R(M) + d_R(M) = n.$$

(iii) 任意の有限生成 R 加群 $M \neq 0$ と j に対して
$$cd_R(\mathrm{Ext}_R^j(M, R)) \geqq j.$$

(iv) 任意の有限生成 R 加群 $M \neq 0$ に対して
$$cd_R(\mathrm{Ext}_R^{cd_R(M)}(M, R)) = cd_R(M).$$

［証明］　まず(i)を示そう．M, N を有限生成 R 加群とする．$j>n$ とするとき，R の任意の極大イデアル $\mathfrak{m}$ に対して

$$\mathrm{Ext}_R^j(M,N)_{\mathfrak{m}} = \mathrm{Ext}_{R_{\mathfrak{m}}}^j(M_{\mathfrak{m}},N_{\mathfrak{m}}) = 0$$

(例題2.34を参照)．よって補題3.18により $\mathrm{Ext}_R^j(M,N)=0$．したがって命題2.37と命題2.38により $\mathrm{gl.dim}\,R \leqq n$．$\mathfrak{m}$ を R の極大イデアルとするとき，$\mathrm{gl.dim}\,R_{\mathfrak{m}}=n$ なので，有限生成 $R_{\mathfrak{m}}$ 加群 M, N であって $\mathrm{Ext}_{R_{\mathfrak{m}}}^n(M,N)\neq 0$ をみたすものが存在する．M, N を R 加群とみなすとき

$$\mathrm{Ext}_R^n(M,N)_{\mathfrak{m}} = \mathrm{Ext}_{R_{\mathfrak{m}}}^n(M_{\mathfrak{m}},N_{\mathfrak{m}}) = \mathrm{Ext}_{R_{\mathfrak{m}}}^n(M,N) \neq 0$$

により，$\mathrm{Ext}_R^n(M,N)\neq 0$．よって $\mathrm{gl.dim}\,R \geqq n$．(i)が示された．

次の命題

(v)　任意の有限生成 R 加群 $M\neq 0$ に対して

$$cd_R(M)+d_R(M) \geqq n,$$

(vi)　任意の有限生成 R 加群 $M\neq 0$ と j に対して

$$d_R(\mathrm{Ext}_R^j(M,R)) \leqq n-j$$

を考える．(ii),(iii),(iv)が(v),(vi)から導かれることを示そう．$cd_R(M)$ の定義から，$j<cd_R(M)$ ならば $\mathrm{Ext}_R^j(M,R)=0$．$j>cd_R(M)$ ならば(v),(vi)により

$$d_R(\mathrm{Ext}_R^j(M,R)) \leqq n-j < n-cd_R(M) \leqq d_R(M).$$

同様に $j=cd_R(M)$ のとき

$$d_R(\mathrm{Ext}_R^j(M,R)) \leqq n-cd_R(M) \leqq d_R(M).$$

よって命題3.24(ii)から

$$d_R(\mathrm{Ext}_R^{cd_R(M)}(M,R)) = n-cd_R(M) = d_R(M)$$

が従う．特に(ii)が成立する．(ii)を $\mathrm{Ext}_R^j(M,R)$ に適用して，(iii),(iv)が従う．よって(v),(vi)を示せばよいことが分かった．

(v),(vi)の証明が R が正則局所環の場合に帰着できることを示そう．いま R が Krull 次元 n の正則局所環の場合には(v),(vi)が示されているものとする．まず(v)について考えよう．$\mathrm{Ext}_R^j(M,R)\neq 0$ とすると補題3.18により，R の極大イデアル $\mathfrak{m}$ であって $\mathrm{Ext}_{R_{\mathfrak{m}}}^j(M_{\mathfrak{m}},R_{\mathfrak{m}})=\mathrm{Ext}_R^j(M,R)_{\mathfrak{m}}\neq 0$ となるものが存在する．このとき $cd_{R_{\mathfrak{m}}}(M_{\mathfrak{m}})$ の定義から，$j\geqq cd_{R_{\mathfrak{m}}}(M_{\mathfrak{m}})$．よって $R_{\mathfrak{m}}$

に対する(v)と補題3.21により，

$$j \geqq cd_{R_\mathfrak{m}}(M_\mathfrak{m}) \geqq n-d_{R_\mathfrak{m}}(M_\mathfrak{m}) \geqq n-d_R(M).$$

したがって $cd_R(M)$ の定義により，$cd_R(M) \geqq n-d_R(M)$. (v)が示された．次に(vi)を考える．補題3.21と $R_\mathfrak{m}$ に対する(vi)により，

$$\begin{aligned} &d_R(\mathrm{Ext}^j_R(M,R)) \\ &= \max\{d_{R_\mathfrak{m}}(\mathrm{Ext}^j_{R_\mathfrak{m}}(M_\mathfrak{m},R_\mathfrak{m})) \mid \mathfrak{m}\text{ は }R\text{ の極大イデアル}\} \\ &\leqq n-j. \end{aligned}$$

よって(vi)も示された．以上により，R が Krull 次元 n の正則局所環のときに，(v),(vi)を示せばよいことが分かった．

以下 R を Krull 次元 n の正則局所環，$\mathfrak{m}$ を R の極大イデアルとする．

まず(v)を $d_R(M)$ に関する帰納法で示そう．$d_R(M)=0$ とすると，$\mathfrak{m}=\sqrt{\mathrm{Ann}_R M}$. よって $\mathfrak{m}^k M=0$ となる k が存在する．各 i に対して $R/\mathfrak{m}$ 加群 $\mathfrak{m}^i M/\mathfrak{m}^{i+1}M$ は有限生成なので，M の部分 R 加群の列

$$M=M_r \supset \cdots \supset M_1 \supset M_0=0$$

であって $M_i/M_{i-1} \simeq R/\mathfrak{m}$ となるものが取れる．短完全列 $0 \to M_{i-1} \to M_i \to R/\mathfrak{m} \to 0$ から完全列

$$\mathrm{Ext}^j_R(R/\mathfrak{m},R) \to \mathrm{Ext}^j_R(M_i,R) \to \mathrm{Ext}^j_R(M_{i-1},R)$$

が定まる．$j<n$ のとき $\mathrm{Ext}^j_R(R/\mathfrak{m},R)=0$ なので(命題3.25)，i に関する帰納法で，$\mathrm{Ext}^j_R(M_i,R)=0$ $(j<n)$ が分かる．特に $\mathrm{Ext}^j_R(M,R)=0$ $(j<n)$. したがって $cd_R(M) \geqq n$.

次に $d_R(M)=d>0$ とする．M の部分 R 加群の列

$$M=M_r \supset \cdots \supset M_1 \supset M_0=0$$

であって $M_i/M_{i-1} \simeq R/\mathfrak{p}_i$ ($\mathfrak{p}_i$ は素イデアル)となるものが取れる(補題3.22の証明をみよ)．このとき補題3.26により $cd_R(M) \geqq \min\{cd_R(R/\mathfrak{p}_i)\}$ が成り立つ．任意の i について $d_R(R/\mathfrak{p}_i) \leqq d$ であるが，$d_R(R/\mathfrak{p}_i)<d$ ならば，帰納法の仮定により $cd_R(R/\mathfrak{p}_i)>n-d$ となる．よって $d_R(R/\mathfrak{p})=d$ をみたす素イデアル $\mathfrak{p}$ に対して，$cd_R(R/\mathfrak{p}) \geqq n-d$ を示せばよい．$d_R(R/\mathfrak{p})>0$ なので，$\mathfrak{p} \neq \mathfrak{m}$. したがって $x \in \mathfrak{m} \setminus \mathfrak{p}$ が取れる．$\mathfrak{p}$ は素イデアルなので $x\colon R/\mathfrak{p} \to R/\mathfrak{p}$ は単射．よって短完全列

$$0 \to R/\mathfrak{p} \xrightarrow{x} R/\mathfrak{p} \to R/(\mathfrak{p}+Rx) \to 0$$

が定まる．これから完全列

$$\mathrm{Ext}^j_R(R/\mathfrak{p}, R) \xrightarrow{x} \mathrm{Ext}^j_R(R/\mathfrak{p}, R) \to \mathrm{Ext}^{j+1}_R(R/(\mathfrak{p}+Rx), R)$$

が得られる．$\mathfrak{p}$ は素イデアルなので $d_R(R/(\mathfrak{p}+Rx)) < d_R(R/\mathfrak{p}) = d$．よって帰納法の仮定により，$cd_R(R/(\mathfrak{p}+Rx)) > n-d$．したがって $\mathrm{Ext}^j_R(R/(\mathfrak{p}+Rx), R) = 0$ $(j \leqq n-d)$ となる．よって上の完全列により，$j < n-d$ のとき $x\colon \mathrm{Ext}^j_R(R/\mathfrak{p}, R) \to \mathrm{Ext}^j_R(R/\mathfrak{p}, R)$ は全射．中山の補題により $\mathrm{Ext}^j_R(R/\mathfrak{p}, R) = 0$ $(j < n-d)$．したがって $cd_R(M) \geqq n-d$．(v) が示された．

最後に(vi)を示す．$\mathrm{Ext}^j_R(M, R) = 0$ なら明らかなので，$\mathrm{Ext}^j_R(M, R) \neq 0$ とする．$d_R(\mathrm{Ext}^j_R(M, R)) = d_R(R/\mathfrak{p})$ をみたす $\mathfrak{p} \in \mathrm{Supp}_0(\mathrm{Ext}^j_R(M, R))$ をとる．補題 3.22 により

$$\mathrm{Ext}^j_{R_\mathfrak{p}}(M_\mathfrak{p}, R_\mathfrak{p}) = \mathrm{Ext}^j_R(M, R)_\mathfrak{p} \neq 0.$$

よって命題 3.25 により

$$j \leqq \mathrm{gl.dim}\, R_\mathfrak{p} = \dim R_\mathfrak{p} = n - d_R(R/\mathfrak{p}) = n - d_R(\mathrm{Ext}^j_R(M, R)).$$

(vi) が示された． ∎

補題 3.20 と命題 3.27 から次が従う．

系 3.28　R を純次元 n の正則環とする．有限生成 R 加群の短完全列 $0 \to M_1 \to M_2 \to M_3 \to 0$ があるとき，

$$cd_R(M_2) = \min\{cd_R(M_1),\ cd_R(M_3)\}$$

が成立する． □

§3.5　特異台

この節では，(A, F) を擬可換なフィルター環であって $\mathrm{gr}\, A$ が Noether 環であるようなものとする．

命題 3.29　M を有限生成 A 加群とし，F を M のよいフィルターとする．このとき $\mathrm{Supp}_0(\mathrm{gr}^F M)$ および $\ell_\mathfrak{p}(\mathrm{gr}^F M)$ $(\mathfrak{p} \in \mathrm{Supp}_0(\mathrm{gr}^F M))$ は F の取り方によらない．

[証明]　フィルター G を M の別のよいフィルターとするとき，

$$\mathrm{Supp}_0(\mathrm{gr}^F M) = \mathrm{Supp}_0(\mathrm{gr}^G M),$$
$$\ell_{\mathfrak{p}}(\mathrm{gr}^F M) = \ell_{\mathfrak{p}}(\mathrm{gr}^G M) \qquad (\mathfrak{p} \in \mathrm{Supp}_0(\mathrm{gr}^F M))$$

を示せばよい．命題3.15により，$F_pM \subset G_{p+a}M$ $(p \in \mathbb{Z})$ をみたす $a \in \mathbb{Z}$ が存在する．$G'_pM = G_{p+a}M$ とおくと，G' も M のフィルターで $\mathrm{gr}\, A$ 加群として $\mathrm{gr}^G M \simeq \mathrm{gr}^{G'} M$．したがってはじめから $F_pM \subset G_pM$ としておいてよい．そこで，$i \geqq 0$ に対して $F^i_pM = G_pM \cap F_{p+i}M$ とおく．このとき

$$(3.7) \qquad (F_pA)(F^i_qM) \subset F^i_{p+q}M, \qquad F^i_pM \subset F^{i+1}_pM \subset F^i_{p+1}M.$$

また F^i は M のフィルターになることが容易に分かる．

そこで次の命題を i に関する帰納法で示す．

(3.8)

F^i は M のよいフィルターで，$\mathrm{Supp}_0(\mathrm{gr}^{F^i} M) = \mathrm{Supp}_0(\mathrm{gr}^F M)$ が成立する．また，任意の $\mathfrak{p} \in \mathrm{Supp}_0(\mathrm{gr}^F M)$ に対して，$\ell_{\mathfrak{p}}(\mathrm{gr}^{F^i} M) = \ell_{\mathfrak{p}}(\mathrm{gr}^F M)$ が成り立つ．

$i=0$ なら $F^0 = F$ となり明らか．i まで正しいとする．(3.7)により，2つの完全列

$$0 \to F^{i+1}_pM/F^i_pM \to F^i_{p+1}M/F^i_pM \to F^i_{p+1}M/F^{i+1}_pM \to 0,$$
$$0 \to F^i_{p+1}M/F^{i+1}_pM \to F^{i+1}_{p+1}M/F^{i+1}_pM \to F^{i+1}_{p+1}M/F^i_{p+1}M \to 0$$

を得る．また $P = \bigoplus_p (F^{i+1}_pM/F^i_pM)$ および $Q = \bigoplus_p (F^i_{p+1}M/F^{i+1}_pM)$ は自然に $\mathrm{gr}\, A$ 加群になる．したがって $\mathrm{gr}\, A$ 加群の完全列

$$0 \to P \to \mathrm{gr}^{F^i} M \to Q \to 0, \qquad 0 \to Q \to \mathrm{gr}^{F^{i+1}} M \to P \to 0$$

が得られる．$\mathrm{gr}^{F^i} M$ は Noether 環 $\mathrm{gr}\, A$ 上の有限生成加群なので，P, Q は有限生成 $\mathrm{gr}\, A$ 加群．したがって $\mathrm{gr}^{F^{i+1}} M$ も有限生成 $\mathrm{gr}\, A$ 加群．また補題3.19，補題3.23と帰納法の仮定により，

$$\mathrm{Supp}_0(\mathrm{gr}^{F^{i+1}} M) = \mathrm{Supp}_0(\mathrm{gr}^{F^i} M) = \mathrm{Supp}_0(\mathrm{gr}^F M),$$
$$\ell_{\mathfrak{p}}(\mathrm{gr}^{F^{i+1}} M) = \ell_{\mathfrak{p}}(\mathrm{gr}^{F^i} M) = \ell_{\mathfrak{p}}(\mathrm{gr}^F M) \qquad (\mathfrak{p} \in \mathrm{Supp}_0(\mathrm{gr}^F M)).$$

(3.8)が $i+1$ のときに示された．よって(3.8)は任意の i について成立する．

命題3.15により，$G_pM\subset F_{p+b}M$ $(p\in\mathbb{Z})$ をみたす $b\in\mathbb{Z}$ が存在するが，このとき $F^b=G$．したがって主張が示された． ∎

M を有限生成 A 加群，F を M のよいフィルターとする．このとき

$$\mathrm{SS}(M) = \mathrm{Supp}_0(\mathrm{gr}^F M)$$

とおき，これを M の**特異台**(singular support)と呼ぶ．また

$$J_M := \sqrt{\mathrm{Ann}_{\mathrm{gr}\,A}\,\mathrm{gr}^F M} = \bigcap_{\mathfrak{p}\in\mathrm{SS}(M)} \mathfrak{p}$$

を M の**特性イデアル**(characteristic ideal)と呼ぶ．さらに M の $\mathfrak{p}\in\mathrm{SS}(M)$ における**重複度**(multiplicity) $m_{\mathfrak{p}}(M)$ を $m_{\mathfrak{p}}(M)=\ell_{\mathfrak{p}}(\mathrm{gr}^F M)$ で定める．命題3.29により，これらは F の選び方によらない．

命題3.30 有限生成 A 加群の短完全列 $0\to M_1\to M_2\to M_3\to 0$ があるとき，$\mathrm{SS}(M_2)$ は $\mathrm{SS}(M_1)\cup\mathrm{SS}(M_3)$ の極小元の集合と一致し，さらに，$\mathfrak{p}\in\mathrm{SS}(M_2)$ に対して，$m_{\mathfrak{p}}(M_2) = m_{\mathfrak{p}}(M_1)+m_{\mathfrak{p}}(M_3)$ が成立する．ただし，$\mathfrak{p}\in\mathrm{SS}(M_2)\setminus\mathrm{SS}(M_i)\,(i=1,3)$ のときは $m_{\mathfrak{p}}(M_i)=0$ とみなす．

［証明］ M_2 のよいフィルター F をひとつ選ぶ．

$$F_pM_1 = M_1\cap F_pM_2, \qquad F_pM_3 = \mathrm{Im}(F_pM_2\to M_3)$$

とおくとき，これらは M_1, M_3 のフィルターを定め，さらに

$$0\to \mathrm{gr}^F M_1\to \mathrm{gr}^F M_2\to \mathrm{gr}^F M_3\to 0$$

は $\mathrm{gr}\,A$ 加群の完全列になる．よって $\mathrm{gr}^F M_1$, $\mathrm{gr}^F M_3$ は有限生成 $\mathrm{gr}\,A$ 加群である．したがって，主張は補題3.19，補題3.23より明らか． ∎

§3.6 包合性定理

(A,F) を擬可換なフィルター環とするとき，

$$\{\ ,\ \}\colon\ \mathrm{gr}\,A\times\mathrm{gr}\,A\to\mathrm{gr}\,A \qquad (\{\sigma_p(a),\sigma_q(b)\}=\sigma_{p+q-1}([a,b]))$$

が矛盾なく定まることが容易に分かる．この $\{\ ,\ \}$ を $\mathrm{gr}\,A$ の **Poisson 積**(Poisson product)と呼ぶ．これに関して以下の事実が成立する：

（i） $\{a+b,c\} = \{a,c\}+\{b,c\}, \qquad \{a,b+c\} = \{a,b\}+\{a,c\},$

(ii)　$\{a,b\}+\{b,a\}=0$,

(iii)　$\{a,\{b,c\}\}+\{b,\{c,a\}\}+\{c,\{a,b\}\}=0$,

(iv)　$\{a,bc\}=\{a,b\}c+b\{a,c\}$.

一般に，可換環 R 上に積 $\{\ ,\ \}\colon R\times R\to R$ が与えられていて，上の(i), (ii), (iii), (iv) が成り立っているときに，$(R,\{\ ,\ \})$ を **Poisson 環**(Poisson ring)と呼ぶ．また R のイデアル I が $\{I,I\}\subset I$ をみたすとき，I は**包合的**(involutive)であるという．

例題 3.31　K を標数 0 の体とし，A として Weyl 代数 $A_n(K)$ をとる．また $\operatorname{gr} A$ を $2n$ 変数の多項式環 $K[x,\xi]$ と同一視する(§3.1)．このとき，$\operatorname{gr} A$ の Poisson 積 $\{\ ,\ \}$ は次で与えられる：

$$\{f,g\}=\sum_{j=1}^{n}\left(\frac{\partial f}{\partial\xi_j}\frac{\partial g}{\partial x_j}-\frac{\partial f}{\partial x_j}\frac{\partial g}{\partial\xi_j}\right)\qquad(f,g\in K[x,\xi]).$$

［解］　公式 $\{a,bc\}=b\{a,c\}+\{a,b\}c$ により，$f\in K[x,\xi]$ のとき，$K[x,\xi]\ni g\mapsto\{f,g\}\in K[x,\xi]$ は $2n$ 変数の多項式環 $K[x,\xi]$ の導分である．よって

$$\{f,g\}=\sum_j\varphi_j\frac{\partial g}{\partial x_j}+\sum_j\psi_j\frac{\partial g}{\partial\xi_j}$$

とかける．このとき，$\varphi_j=\partial f/\partial\xi_j$, $\psi_j=-\partial f/\partial x_j$ を示せばよい．$\varphi_j=\{f,x_j\}$, $\psi_j=\{f,\xi_j\}$ なので，$\{f,x_j\}=\partial f/\partial\xi_j$, $\{f,\xi_j\}=-\partial f/\partial x_j$ を示せばよい．$K[x,\xi]\ni f\mapsto\{f,x_j\}\in K[x,\xi]$ および $K[x,\xi]\ni f\mapsto\{f,\xi_j\}\in K[x,\xi]$ は $2n$ 変数の多項式環 $K[x,\xi]$ の導分なので，結局，

$$\{x_i,x_j\}=\{\xi_i,\xi_j\}=0,\qquad\{\xi_i,x_j\}=\delta_{ij}$$

を示せばよい．これは

$$[x_i,x_j]=[\partial_i,\partial_j]=0,\qquad[\partial_i,x_j]=\delta_{ij}$$

からただちに従う．∎

本節の目的は Gabber による次の定理の証明を与えることである．

定理 3.32（**Gabber の包合性定理**）　フィルター環 (A,F) が以下の条件をみたすとする：

(i)　A は $\mathbb{Q}$ 代数，すなわち，A の中心 $Z(A)$ は $\mathbb{Q}$ と同型な部分環を含む．

（ii）　$\mathrm{gr}\, A$ は可換 Noether 環.

また M を有限生成 A 加群, F を M のよいフィルター とする. このとき, 任意の $\mathfrak{p} \in \mathrm{SS}(M)$ は包合的である. すなわち, $\mathrm{gr}\, A$ の Poisson 積 $\{\ ,\ \}$ に関して $\{\mathfrak{p}, \mathfrak{p}\} \subset \mathfrak{p}$ が成り立つ. したがって, M の特性イデアル J_M も包合的である. □

もう少し一般的な状況で考察を行うために, 以下の概念を導入する.

定義 3.33　環 A と $T \in A$ の組 (A, T) であって, 以下の条件をみたすもののことを **Gabber 環**と呼ぶ:

（i）　T は A の中心 $Z(A)$ に含まれる.

（ii）　$T^2 = 0$.

（iii）　A/TA は可換環. □

補題 3.34　Gabber 環 (A, T) に対して, 次が成立する:

$$TA \subset Z(A), \qquad [A, A] \subset TA \subset \mathrm{Ann}_A T.$$

ただし, $\mathrm{Ann}_A T = \{a \in A \mid Ta = 0\}$.

［証明］　$T(TA) = T^2 A = 0$ なので $TA \subset \mathrm{Ann}_A T$. Gabber 環の条件(iii)により $[A, A] \subset TA$. よって, $[TA, A] = T[A, A] \subset T^2 A = 0$. すなわち, $TA \subset Z(A)$. ∎

(A, T) を Gabber 環とする. $a, b \in A$ とすると, 補題 3.34 により, $[a, b] = Tc$ をみたす $c \in A$ が存在する. このとき, $\bar{c} \in A/\mathrm{Ann}_A T$ は $\bar{a}, \bar{b} \in A/TA$ のみにより定まる. 実際, $[a+TA, b+TA] \subset T(c+[A, A]) = Tc$ で, $Tc = Td$ ならば $c-d \in \mathrm{Ann}_A T$. すなわち,

$$\{\ ,\ \}\colon\ A/TA \times A/TA \to A/\mathrm{Ann}_A T$$

が

$$\{\bar{a}, \bar{b}\} = \bar{c}, \qquad [a, b] = Tc \qquad (a, b, c \in A)$$

により定まる. この $\{\ ,\ \}$ を Gabber 環 (A, T) の Poisson 積と呼ぶ.

命題 3.35　(B, F) を擬可換なフィルター環とする. $B[t^{\pm 1}]$ の部分環 $\tilde{B}$ を $\tilde{B} = \sum_{n \in \mathbb{Z}} (F_n B) t^n$ で定め,

$$A = \tilde{B}/t^2 \tilde{B}, \qquad T = \bar{t} \in A$$

とおく.

（i）　(A,T) は Gabber 環で，$A/TA \simeq \mathrm{gr}\, B$，$\mathrm{Ann}_A T = TA$ が成立する．

（ii）　Gabber 環 (A,T) の Poisson 積 $\{\ ,\ \}$: $A/TA \times A/TA \to A/TA$ は，同一視 $A/TA = \mathrm{gr}\, B$ のもとで，フィルター環 B の Poisson 積 $\{\ ,\ \}$: $\mathrm{gr}\, B \times \mathrm{gr}\, B \to \mathrm{gr}\, B$ と一致する．

N を B 加群，F を N の良いフィルターとし，

$$\tilde{N} = \sum_{n \in \mathbb{Z}} (F_n N) t^n \subset N[t^{\pm 1}], \qquad M = \tilde{N}/t^2 \tilde{N}$$

とおく．

（iii）　M は自然に A 加群とみなせて，同一視 $A/TA = \mathrm{gr}\, B$ のもとで，$M/TM \simeq \mathrm{gr}\, N$. また，$TM = \{m \in M \mid Tm = 0\}$. すなわち

$$M \xrightarrow{T} M \xrightarrow{T} M$$

は完全列．

［証明］　$\tilde{B} = \bigoplus_{n \in \mathbb{Z}} (F_n B) t^n$，$t\tilde{B} = \bigoplus_{n \in \mathbb{Z}} (F_{n-1} B) t^n$ なので，

$$A/TA \simeq \tilde{B}/t\tilde{B} \simeq \bigoplus_{n \in \mathbb{Z}} (F_n B/F_{n-1} B) t^n \simeq \mathrm{gr}\, B.$$

これから，(A,T) が Gabber 環になることは明らか．また

$$A = \tilde{B}/t^2 \tilde{B} = \bigoplus_{n \in \mathbb{Z}} (F_n B/F_{n-2} B) T^n, \qquad TA = \bigoplus_{n \in \mathbb{Z}} (F_{n-1} B/F_{n-2} B) T^n$$

であるが，$a = \sum_n \overline{a_n} T^n \in A$ $(a_n \in F_n B)$ について，$Ta = \sum_n \overline{a_n} T^{n+1}$. したがって，

$$Ta = 0 \iff \text{任意の}\, n \,\text{について}\, a_n \in F_{n-1} B \iff a \in TA.$$

すなわち，$\mathrm{Ann}_A T = TA$. (i) が示された．

$a = \sum_n \overline{a_n} T^n$，$b = \sum_n \overline{b_n} T^n \in A$ とすると，

$$[a, b] = T \sum_n \left(\sum_{k+\ell=n+1} \overline{[a_k, b_\ell]} \right) T^n.$$

よって，

$$\{\bar{a}, \bar{b}\} = \overline{\sum_n \left(\sum_{k+\ell=n+1} \overline{[a_k, b_\ell]} \right) T^n}.$$

これから (ii) も明らか．

(iii) の証明は (i) と同様なので省略する. ∎

(A,T) を Gabber 環とするとき，A 加群 M であって，

$$TM = \{m \in M \mid Tm = 0\}$$

をみたすもののことを，T **完全**(T-exact)な A 加群と呼ぶ.

命題 3.35 により，定理 3.32 は次の定理の帰結であることがわかる.

定理 3.36　(A,T) を Gabber 環であって，以下の条件をみたすものとする:

（i）　A は $\mathbb{Q}$ 代数.

（ii）　A/TA は可換 Noether 環.

また M を T 完全な有限生成 A 加群とする. このとき，有限生成 A/TA 加群 M/TM の任意の極小素因子 $\mathfrak{p}$ に対して，

$$\{\mathfrak{p},\mathfrak{p}\} \subset \mathfrak{p}/((\mathrm{Ann}_A T)/TA)$$

が成り立つ. したがって，

$$\left\{\sqrt{\mathrm{Ann}_{A/TA}(M/TM)}, \sqrt{\mathrm{Ann}_{A/TA}(M/TM)}\right\}$$
$$\subset \sqrt{\mathrm{Ann}_{A/TA}(M/TM)} \Big/ ((\mathrm{Ann}_A T)/TA)\,. \qquad \square$$

ここで，$\mathrm{Ann}_{A/TA}(M/TM) \supset (\mathrm{Ann}_A T)/TA$ に注意しておく. 実際，$a \in \mathrm{Ann}_A T$ とすると，$Ta=0$ なので $TaM=0$. M は T 完全なので $aM \subset TM$. すなわち，$a \bmod TA \in \mathrm{Ann}_{A/TA}(M/TM)$. したがって特に，

$$\sqrt{\mathrm{Ann}_{A/TA}(M/TM)} \supset (\mathrm{Ann}_A T)/TA$$

が成り立っている.

定理 3.36 の証明を始める前に，可換環論でよく知られた次の事実の証明を与えておく.

補題 3.37　R を(可換な)完備局所環であって，$\mathbb{Q}$ を含むものとする. R の極大イデアルを $\mathfrak{m}$ とするとき，R の部分体 F であって $R=F\oplus\mathfrak{m}$ をみたすものが存在する.

[証明]　R の部分環 S であって $S\cap\mathfrak{m}=0$ をみたすものの全体は，包含関係に関して帰納的順序集合をなす. したがって Zorn の補題により，極大元

F が存在する．この F が条件をみたすことを示す．

まず F が体になることを示そう．$a \in F$, $a \neq 0$ とする．$a \notin \mathfrak{m}$ なので，a は R の可逆元．$F[a^{-1}]$ の任意の元は $a^{-n}b$ $(n \in \mathbb{N}, b \in F)$ の形に書ける．$a^{-n}b \in \mathfrak{m}$ とすると，$b \in F \cap \mathfrak{m} = 0$．したがって，$a^{-n}b = 0$．すなわち，$F[a^{-1}] \cap \mathfrak{m} = 0$．$F$ の極大性から，$F = F[a^{-1}]$．よって，$a^{-1} \in F$．F が体であることが示された．

$q\colon R \to R/\mathfrak{m}$ を自然な準同型写像とする．このとき，$q(F)\,(\simeq F)$ は体 $K = R/\mathfrak{m}$ の部分体である．$a \in K$ が $q(F)$ 上超越的であるとすると，$q(x) = a$ なる $x \in R$ に関して，$F[x] \simeq q(F)[a] \subset K$．$F$ の極大性から $F = F[x]$ となるが，このとき $a \in q(F)$ となり矛盾．したがって K は $q(F)$ の代数拡大である．

以下，多項式 $\varphi(t) = \sum_n a_n t^n \in R[t]$ に対して，$\overline{\varphi}(t) = \sum_n q(a_n) t^n \in K[t]$ と記す．

$a \in K$ とする．a の $q(F)$ 上の最小多項式を $\overline{f}(t)$ $(f(t) \in F[t])$ とすると，

$$\overline{f}(t) = (t-a)\psi(t) \qquad (\psi(t) \in K[t])$$

と分解できる．仮定により F は標数 0 の体なので，$\psi(a) \neq 0$ である．したがって，Hensel の補題により，$x \in R$, $g(t) \in R[t]$ であって，

$$q(x) = a, \quad \overline{g}(t) = \psi(t), \quad f(t) = (t-x)g(t)$$

をみたすものがとれる．

$h(t) \in F[t]$, $\overline{h}(a) = 0$ とすると，$\overline{h}(t) = \overline{f}(t)\overline{p}(t)$ $(p(t) \in F[t])$ とかける．このとき $h(t) = f(t)p(t)$．よって $h(x) = f(x)p(x) = 0$．したがって，自然な準同型写像 $F[x] \to K$ は単射である．よって F の極大性により，$x \in F$．すなわち $a \in q(F)$．以上により，$K = q(F)$．$R = F \oplus \mathfrak{m}$ が示された． ∎

定理 3.36 の証明にとりかかろう．

（第 1 段）　$M = 0$ なら主張は明らかなので，$M \neq 0$ とする．このとき，$M/TM \neq 0$ である．実際，$M/TM = 0$ とすると，$M = TM$ であるが，このとき $M = TM = T^2M = 0$ となり，矛盾．簡単のために，$R = A/TA$, $N = M/TM$ とおき，$\pi\colon A \to R$ を自然な準同型写像とする．また $\mathfrak{p}$ を有限生成 R 加群 N の極小素因子とする．$\tilde{\mathfrak{p}} = \pi^{-1}(\mathfrak{p})$ とおくとき，$[\tilde{\mathfrak{p}}, \tilde{\mathfrak{p}}] \subset T\tilde{\mathfrak{p}}$ を示せばよい．

そこで，局所化のテクニックを用いて，R が局所環である場合に問題を帰着させることを考えよう．$S=\pi^{-1}(R\backslash\mathfrak{p})$ とおく．S は A の積閉集合であるが，さらに左分母条件をみたす．実際，A の任意の積閉集合 S_1 は左分母条件をみたすことが，次のようにして分かる．$a\in A$, $s\in S_1$ とすると，

$$[s,[s,a]]\in[A,[A,A]]\subset[A,TA]=T[A,A]\subset T^2A=0$$

なので，

$$s^2a-2sas+as^2=0.$$

よって，$s^2a=(2sa-as)s$．左分母条件 (i) が示された．また，$as=0$ とすると $s^2a=0$．左分母条件 (ii) も示された．そこで，$\iota\colon A\to S^{-1}A$ を自然な準同型写像とし，$\tau=\iota(T)$ とおく．このとき，例題 1.32 により，

$$S^{-1}A/\tau S^{-1}A\simeq(R\backslash\mathfrak{p})^{-1}R=R_{\mathfrak{p}},$$
$$S^{-1}M/\tau S^{-1}M\simeq(R\backslash\mathfrak{p})^{-1}N=N_{\mathfrak{p}}.$$

よって，$(S^{-1}A,\tau)$ は Gabber 環である．また $S^{-1}A$ は $\mathbb{Q}$ 代数で，しかも $S^{-1}A/\tau S^{-1}A$ は Noether 局所環になる．$\mathfrak{p}$ は有限生成 R 加群 N の極小素因子だったので，$N_{\mathfrak{p}}$ は Artin $R_{\mathfrak{p}}$ 加群でしかも $N_{\mathfrak{p}}\neq 0$．よって，$S^{-1}M/\tau S^{-1}M$ は Artin $S^{-1}A/\tau S^{-1}A$ 加群で，$S^{-1}M/\tau S^{-1}M\neq 0$．$S^{-1}A$ は平坦な右 A 加群だったので，M の T 完全性から $S^{-1}M$ の τ 完全性が従う．

いま仮に，

$$[S^{-1}\tilde{\mathfrak{p}},S^{-1}\tilde{\mathfrak{p}}]\subset\tau S^{-1}\tilde{\mathfrak{p}}$$

が示されたとする．このとき，$\iota([\tilde{\mathfrak{p}},\tilde{\mathfrak{p}}])\subset\iota(A)\cap\tau S^{-1}\tilde{\mathfrak{p}}$．よって $a,b\in\tilde{\mathfrak{p}}$, $[a,b]=Tc$ とすると，$\tau\iota(c)=\tau\iota(x)^{-1}\iota(y)$ である $x\in S$, $y\in\tilde{\mathfrak{p}}$ が存在する．このとき，$\iota(T(xc-y))=0$．よって命題 1.33 により，$T(zxc-zy)=0$ をみたす $z\in S$ が存在する．このとき，$zxc-zy\in\mathrm{Ann}_A T$．したがって，$\pi(zx)\pi(c)\in\mathfrak{p}+\pi(\mathrm{Ann}_A T)=\mathfrak{p}$．ここで，定理 3.36 を述べた直後に注意したことを用いた．$\mathfrak{p}$ は素イデアルなので，$\pi(c)\in\mathfrak{p}$．すなわち $c\in\tilde{\mathfrak{p}}$．以上により，$[\tilde{\mathfrak{p}},\tilde{\mathfrak{p}}]\subset T\tilde{\mathfrak{p}}$ が導かれた．

（第2段）　第1段により，次を証明すればよいことが分かった．

命題 3.38　(A,T) を Gabber 環であって，以下の条件をみたすものとする：

（i） A は $\mathbb{Q}$ 代数.

（ii） $R=A/TA$ は Noether 局所環.

$\pi\colon A\to R$ を自然な準同型写像とする. $\mathfrak{m}$ を R の極大イデアルとし, $\tilde{\mathfrak{m}}=\pi^{-1}(\mathfrak{m})$ とおく. また T 完全な有限生成 A 加群 $M\neq 0$ であって, $N=M/TM$ が Artin R 加群になるものが存在するとする. このとき, $[\tilde{\mathfrak{m}},\tilde{\mathfrak{m}}]\subset T\tilde{\mathfrak{m}}$ が成立する. □

命題 3.38 の証明を, R が Artin 環の場合に帰着させよう.

命題 3.38 の仮定が成立しているとする. $I=\mathrm{Ann}_R N$, $\tilde{I}=\pi^{-1}(I)$, $B=A/\tilde{I}^2$, $\overline{T}=T \bmod \tilde{I}^2\in B$ とおく. このとき定義により, $\tilde{I}M\subset TM$. よって, $\tilde{I}^2M\subset T^2M=0$. したがって, M は B 加群とみなせる. $B/\overline{T}B\simeq R/I^2$ なので, $(B,\overline{T})$ は Gabber 環. また, B は $\mathbb{Q}$ 代数で, $B/\overline{T}B$ は Noether 局所環になる.

さらに, $B/\overline{T}B$ $(\simeq R/I^2)$ が Artin 環になることを示そう. N の生成元を $n_1,\cdots,n_k$ をとるとき,

$$R/I\to N^{\oplus k}\qquad(\overline{r}\mapsto(rn_1,\cdots,rn_k))$$

は R 加群の単射準同型写像. ところが N は Artin R 加群だったので R/I も Artin R 加群. したがって, R/I は Artin 環である. R は Noether 環だったので, I は有限生成 R 加群. したがって, I/I^2 は Artin 環 R/I 上の有限生成加群. 特に I/I^2 は Artin R/I 加群である. R/I と I/I^2 がともに Artin R 加群なので, R/I^2 も Artin R 加群である. したがって, $B/\overline{T}B$ $(\simeq R/I^2)$ は Artin 環である.

$B/\overline{T}B$ の極大イデアルを $\mathfrak{m}_1$ とし, 自然な準同型 $\pi_1\colon B\to B/\overline{T}B$ に関して, $\tilde{\mathfrak{m}}_1=\pi_1^{-1}(\mathfrak{m}_1)$ とおく.

いま仮に, $[\tilde{\mathfrak{m}}_1,\tilde{\mathfrak{m}}_1]\subset\overline{T}\tilde{\mathfrak{m}}_1$ が成立しているとする. このとき $[\tilde{\mathfrak{m}},\tilde{\mathfrak{m}}]\subset T\tilde{\mathfrak{m}}+\tilde{I}^2$. $[\tilde{\mathfrak{m}},\tilde{\mathfrak{m}}]\subset[A,A]\subset TA$ だったので, $[\tilde{\mathfrak{m}},\tilde{\mathfrak{m}}]\subset T\tilde{\mathfrak{m}}$ を導くには, $TA\cap\tilde{I}^2\subset T\tilde{\mathfrak{m}}$ を示せばよい. それには, $Tx\in TA\cap\tilde{I}^2$ とするとき, $\pi(x)\in\mathfrak{m}$ を示せばよい. $\pi(x)\notin\mathfrak{m}$ とすると, R は局所環だったので $\pi(x)$ は R の可逆元. よって, $yx=1+Tu$, $xy=1+Tv$ なる $y,u,v\in A$ がとれる. このとき, $(1-Tu)yx=(1-Tu)(1+Tu)=1-T^2u^2=1$. また同様に $xy(1-Tv)=1$. したが

って，x は A の可逆元．ところが，先にみたように $\tilde{I}^2M=0$ なので，$TM=TxM\subset\tilde{I}^2M=0$．$M$ の T 完全性により，$M=TM=0$ となり矛盾．よって $TA\cap\tilde{I}^2\subset T\tilde{\mathfrak{m}}$ が示された．以上により，$[\tilde{\mathfrak{m}},\tilde{\mathfrak{m}}]\subset T\tilde{\mathfrak{m}}$ が導かれた．

（第3段）　第2段により，命題3.38は R が Artin 環の場合に証明すればよい．いま命題3.38の仮定が成り立っており，さらに R は Artin 環であるとする．

R は Artin 局所環なので，$\mathfrak{m}^s=0$ となる s がとれる．したがって特に R は完備局所環である．補題3.37により，$R=F\oplus\mathfrak{m}$ をみたす R の部分体 F がとれる．R 加群 N の部分列

$$N\supset\mathfrak{m}N\supset\mathfrak{m}^2N\supset\cdots\supset\mathfrak{m}^sN=0$$

を考える．各 i について，商加群 $\mathfrak{m}^iN/\mathfrak{m}^{i+1}N$ は有限生成 $R/\mathfrak{m}$ 加群．したがって $\mathfrak{m}^iN/\mathfrak{m}^{i+1}N$ は F 上有限次元のベクトル空間になる．特に，$\dim_F N<\infty$．また上の議論により，N の F 上の基底 $n_1,\cdots,n_t$ であって，

$$\mathfrak{m}n_i\subset\sum_{j<i}Fn_j \tag{3.9}$$

をみたすものがとれる．$m_i\in M$ を $m_i \bmod TM=n_i$ をみたすように選ぶ．

そこで，$x,y\in\tilde{\mathfrak{m}}$, $z\in A$, $[x,y]=Tz$ とする．このとき，$z\in\tilde{\mathfrak{m}}$ を示せばよい．仮定により

$$\pi(x)n_j=\sum_i\pi(X_{ij}^0)n_i\qquad(X_{ij}^0\in A,\ \pi(X_{ij}^0)\in F)$$

と書ける．(3.9)により，$X_{ij}^0=0\,(i\geqq j)$ としておいてよい．このとき，

$$xm_j=\sum_i X_{ij}^0m_i+Tm_j^1\qquad(m_j^1\in M)$$

となる．そこで

$$m_j^1 \bmod TM=\sum_i\pi(X_{ij}^1)n_i\qquad(X_{ij}^1\in A,\ \pi(X_{ij}^1)\in F)$$

とすると

$$m_j^1=\sum_i X_{ij}^1m_i+Tm_j^2\qquad(m_j^2\in M)$$

となるが，$T^2=0$ だったので，結局

$$xm_j=\sum_i (X_{ij}^0+TX_{ij}^1)m_i$$

$$(X_{ij}^0,\ X_{ij}^1\in A,\ \pi(X_{ij}^0),\ \pi(X_{ij}^1)\in F,\quad i\geqq j\Longrightarrow X_{ij}^0=0)$$

と書ける．同様に

$$ym_j=\sum_i (Y_{ij}^0+TY_{ij}^1)m_i$$

$$(Y_{ij}^0,\ Y_{ij}^1\in A,\ \pi(Y_{ij}^0),\ \pi(Y_{ij}^1)\in F,\quad i\geqq j\Longrightarrow Y_{ij}^0=0)$$

と書ける．このとき，

$$\begin{aligned}xym_j &= \sum_k x(Y_{kj}^0+TY_{kj}^1)m_k\\ &= \sum_k ([x,Y_{kj}^0]+(Y_{kj}^0+TY_{kj}^1)x)m_k\\ &= \sum_i \Big([x,Y_{ij}^0]+\sum_k (Y_{kj}^0+TY_{kj}^1)(X_{ik}^0+TX_{ik}^1)\Big)m_i\\ &= \sum_i \Big([x,Y_{ij}^0]+\sum_k (Y_{kj}^0X_{ik}^0+T(Y_{kj}^1X_{ik}^0+Y_{kj}^0X_{ik}^1))\Big)m_i\,.\end{aligned}$$

ここで，$TA\subset Z(A)$，$T^2=0$ を用いた．同様に

$$yxm_j=\sum_i \Big([y,X_{ij}^0]+\sum_k (X_{kj}^0Y_{ik}^0+T(X_{kj}^1Y_{ik}^0+X_{kj}^0Y_{ik}^1))\Big)m_i\,.$$

そこで，

$$U_{ij}=\sum_k (Y_{kj}^0X_{ik}^0-X_{kj}^0Y_{ik}^0)$$

とおくと，$U_{ij}=0\,(i\geqq j)$．また $[A,A]\subset TA$ なので，

$$[x,Y_{ij}^0]-[y,X_{ij}^0]=TV_{ij}\qquad (V_{ij}\in A)$$

と書ける．さらに，$V_{ij}=0\,(i\geqq j)$ としてよい．このとき

$$\begin{aligned}Tzm_j &= [x,y]m_j\\ &= \sum_i\Big(U_{ij}+TV_{ij}+T\sum_k (Y_{kj}^1X_{ik}^0-X_{kj}^0Y_{ik}^1+Y_{kj}^0X_{ik}^1-X_{kj}^1Y_{ik}^0)\Big)m_i\,.\end{aligned}$$

したがって $\sum_i \pi(U_{ij})n_i=0$．ところが $\pi(U_{ij})\in F$ なので $\pi(U_{ij})=0$．したがって $U_{ij}=TU_{ij}^1$ をみたす $U_{ij}^1\in A$ が存在する．$U_{ij}^1=0\,(i\geqq j)$ としてよい．$W_{ij}=$

$U^1_{ij}+V_{ij}\in A$ とおくと，$W_{ij}=0\,(i\geqq j)$ で，

$$Tzm_j = T\sum_i \Big(W_{ij}+\sum_k (Y^1_{kj}X^0_{ik}-X^0_{kj}Y^1_{ik}+Y^0_{kj}X^1_{ik}-X^1_{kj}Y^0_{ik})\Big)m_i\,.$$

よって M の T 完全性から，$\bmod TM$ で

$$zm_j \equiv \sum_i \Big(W_{ij}+\sum_k (Y^1_{kj}X^0_{ik}-X^0_{kj}Y^1_{ik}+Y^0_{kj}X^1_{ik}-X^1_{kj}Y^0_{ik})\Big)m_i\,.$$

すなわち

$$\pi(z)n_j = \sum_i \Big(\pi(W_{ij})+\sum_k \pi(Y^1_{kj}X^0_{ik}-X^0_{kj}Y^1_{ik}+Y^0_{kj}X^1_{ik}-X^1_{kj}Y^0_{ik})\Big)n_i\,.$$

$\pi(W_{ij})\in R=F+\mathfrak{m}$ なので(3.9)により，$\sum_i \pi(W_{ij})n_i\in\sum_{i<j}Rn_i\subset\sum_{i<j}Fn_i$. したがって

$$\sum_i \pi(W_{ij})n_i = \sum_i P_{ij}n_i \qquad (P_{ij}\in F,\ i\geqq j \Longrightarrow P_{ij}=0)$$

と書ける．

一般に，$u\in R$ に対して $n\mapsto un$ で定まる N の F 上の線形変換を $\rho(u)$ で表す．上に述べたことにより $\rho(\pi(z))$ の表現行列は，

$$P+[\overline{X}^0,\overline{Y}^1]+[\overline{X}^1,\overline{Y}^0]$$
$$(P=(P_{ij}),\ \ \overline{X}^\nu=(\pi(X^\nu_{ij})),\ \ \overline{Y}^\nu=(\pi(Y^\nu_{ij})),\ \ \nu=0,1)$$

により与えられる．したがって，$P_{ij}=0\,(i\geqq j)$ と一般的な公式 $\mathrm{tr}(XY)=\mathrm{tr}(YX)$ により，$\mathrm{tr}(\rho(\pi(z)))=0$ が従う．ここで tr は線形変換の跡を意味する．$\pi(z)=a+b$ $(a\in F, b\in\mathfrak{m})$ とすると，b はベキ零元なので，

$$0=\mathrm{tr}(\rho(\pi(z)))=\mathrm{tr}(\rho(a))=a\dim_F N.$$

F は標数 0 の体で $N\neq 0$ だったので，$a=0$. すなわち $z\in\tilde{\mathfrak{m}}$. したがって命題3.38が，R が Artin 環の場合に証明された．

以上により，定理3.36の証明が完了した．

§3.7　フィルター加群のホモロジー代数的性質

(A, F) をフィルター環とする.

$\{u_k\}_{k=1}^r$ を基底とする有限階数の自由 A 加群 W と $p_k \in \mathbb{Z}$ $(1 \leqq k \leqq r)$ に対して, W のよいフィルター F が, $F_p W = \sum_{k=1}^r (F_{p-p_k} A) u_k$ により定まる. 一般に, このような (W, F) を**フィルター自由加群**(filtered free module)と呼ぶ. (W, F) が階数 r のフィルター自由加群ならば, $\mathrm{gr}^F W \simeq (\mathrm{gr}\, A)^r$ が成立する.

フィルター A 加群 (M, F) に対して, フィルター自由 A 加群の厳密なフィルター複体 $(W^\bullet, F)$ $(i>0$ のとき $W^i = 0)$ と複体の擬同型写像 $\epsilon\colon W^\bullet \to M$ であって, $W^0 \to M$ が厳密なフィルター準同型写像になっているようなものが与えられたとき, $\epsilon\colon (W^\bullet, F) \to (M, F)$ を (M, F) の**フィルター自由分解**(filtered free resolution)と呼ぶ.

命題 3.17 により次は明らか.

補題 3.39　$\epsilon\colon (W^\bullet, F) \to (M, F)$ を (M, F) のフィルター自由分解とするとき, $\mathrm{gr}^F W^\bullet \to \mathrm{gr}^F M$ は $\mathrm{gr}\, A$ 加群 $\mathrm{gr}^F M$ の自由分解を与える.　□

補題 3.40　(A, F) をフィルター環であって A が左 Noether 環になるものとすると, よいフィルター A 加群 (M, F) に対して, そのフィルター自由分解が存在する.

［証明］　命題 3.13 により,

$$F_p M = \sum_{k=1}^r (F_{p-p_k} A) m_k$$

をみたす $m_k \in M$, $p_k \in \mathbb{Z}$ $(1 \leqq k \leqq r)$ が存在する. そこで $\{u_k\}_{k=1}^r$ を基底とする自由 A 加群 W^0 をとり, そのフィルター F と A 加群の準同型写像 $\epsilon\colon W^0 \to M$ を

$$F_p W^0 = \sum_{k=1}^r (F_{p-p_k} A) u_k, \qquad \epsilon(u_k) = m_k$$

により定める. このとき W^0 はフィルター自由 A 加群で, ϵ は全射で厳密なフィルター準同型写像になる. 次に, $K = \mathrm{Ker}\, \epsilon$ とおく. A は左 Noether 環

なので，W^0 のフィルター F から定まる K のフィルター F に関して (K,F) はよいフィルター加群である．(K,F) に上の議論を繰り返して，フィルター自由 A 加群 W^{-1} と厳密なフィルター準同型写像 $d_W^{-1}\colon W^{-1}\to W^0$ であって，$W^{-1}\to W^0\to M\to 0$ が完全列になるようなものが取れる．

以下これを繰り返せばよい．∎

フィルター A 加群 (M,F), (N,F) に対して

$$
\begin{aligned}
&F_p\operatorname{Hom}_A(M,N)\\
&\quad=\{\varphi\in\operatorname{Hom}_A(M,N)\mid \text{任意の}\, q\,\text{に対して}\,\varphi(F_qM)\subset F_{p+q}N\}
\end{aligned}
$$

とおく．F は加法群 $\operatorname{Hom}_A(M,N)$ の部分加法群からなる増大列である．

また

$$\operatorname{gr}_p^F\operatorname{Hom}_A(M,N)=F_p\operatorname{Hom}_A(M,N)/F_{p-1}\operatorname{Hom}_A(M,N),$$

$$\operatorname{gr}^F\operatorname{Hom}_A(M,N)=\bigoplus_{p\in\mathbb{Z}}\operatorname{gr}_p^F\operatorname{Hom}_A(M,N)$$

とおくとき，加法群の準同型写像

$$\operatorname{gr}^F\operatorname{Hom}_A(M,N)\to\operatorname{Hom}_{\operatorname{gr}A}(\operatorname{gr}^F M,\operatorname{gr}^F N)$$

が定まる．次は容易に示される．

補題 3.41　(M,F) をよいフィルター A 加群，(N,F) をフィルター A 加群とする．

(i)　$\operatorname{Hom}_A(M,N)=\bigcup_{p\in\mathbb{Z}}F_p\operatorname{Hom}_A(M,N)$.

(ii)　$F_p\operatorname{Hom}_A(M,N)=0\qquad(p\ll 0)$.

(iii)　$\operatorname{gr}^F\operatorname{Hom}_A(M,N)\to\operatorname{Hom}_{\operatorname{gr}A}(\operatorname{gr}^F M,\operatorname{gr}^F N)$ は加法群の単射準同型写像である．さらに M がフィルター自由 A 加群ならばこれは同型写像になる．

(iv)　$(\operatorname{Hom}_A(M,A),F)$ はよいフィルター右 A 加群で，

$$\operatorname{gr}^F\operatorname{Hom}_A(M,A)\to\operatorname{Hom}_{\operatorname{gr}A}(\operatorname{gr}^F M,\operatorname{gr}^F A)$$

は右 $\operatorname{gr}A$ 加群の準同型写像になる．□

定理 3.42　(A,F) をフィルター環であって，A が左 Noether 環になるものとするとき

$$\mathrm{l.gl.dim}\, A \leqq \mathrm{l.gl.dim}(\mathrm{gr}\, A)$$

が成り立つ．

［証明］　$\mathrm{l.gl.dim}(\mathrm{gr}\, A) = n < \infty$ とする．命題 2.37 により，任意の有限生成 A 加群 M と任意の A 加群 N に対して，$i > n$ のとき $\mathrm{Ext}^i_A(M, N) = 0$ となることを示せばよい．M のよいフィルターおよび N のフィルター F をとる．また (M, F) のフィルター自由分解 ϵ: $(W^\bullet, F) \to (M, F)$ をひとつ選ぶ．補題 3.39 により $\mathrm{gr}^F W^\bullet \to \mathrm{gr}^F M$ は $\mathrm{gr}\, A$ 加群 $\mathrm{gr}^F M$ の自由分解である．W^{-k} はフィルター自由 A 加群なので，

$$\mathrm{gr}^F \mathrm{Hom}_A(W^{-k}, N) \to \mathrm{Hom}_{\mathrm{gr}\, A}(\mathrm{gr}^F W^{-k}, \mathrm{gr}^F N)$$

は同型写像である（補題 3.41）．よって

$$\begin{aligned} H^i(\mathrm{gr}^F \mathrm{Hom}_A(W^{-\bullet}, N)) &\simeq H^i(\mathrm{Hom}_{\mathrm{gr}\, A}(\mathrm{gr}^F W^{-\bullet}, \mathrm{gr}^F N)) \\ &= \mathrm{Ext}^i_{\mathrm{gr}\, A}(\mathrm{gr}^F M, \mathrm{gr}^F N). \end{aligned}$$

したがって $i > n$ ならば $H^i(\mathrm{gr}^F \mathrm{Hom}_A(W^{-\bullet}, N)) = 0$.

そこで次数 0 の $\mathbb{Z}$ 列付き複体 $(\mathrm{Hom}_A(W^{-\bullet}, N), F)$ から定まるスペクトル系列を考えると，$\mathrm{gr}^F H^i(\mathrm{Hom}_A(W^{-\bullet}, N))$ は $H^i(\mathrm{gr}^F \mathrm{Hom}_A(W^{-\bullet}, N))$ の部分商になることが分かる（命題 3.43 の証明を参照）．よって $i > n$ のとき $\mathrm{gr}^F H^i(\mathrm{Hom}_A(W^{-\bullet}, N)) = 0$ となる．

$(W^\bullet, F)$ はよいフィルター加群なので，

$$H^i(\mathrm{Hom}_A(W^{-\bullet}, N)) = \bigcup_{p \in \mathbb{Z}} F_p H^i(\mathrm{Hom}_A(W^{-\bullet}, N)),$$

$$F_p H^i(\mathrm{Hom}_A(W^{-\bullet}, N)) = 0 \qquad (p \ll 0)$$

が成り立つ．よって $i > n$ のとき $\mathrm{Ext}^i_A(M, N) = H^i(\mathrm{Hom}_A(W^{-\bullet}, N)) = 0$. ∎

したがって Weyl 代数 $A_n(K)$ および Lie 代数 $\mathfrak{g}$ の包絡環 $U(\mathfrak{g})$ に関して以下の事実が成立する．

$$\mathrm{l.gl.dim}\, A_n(K) \leqq 2n, \qquad \mathrm{r.gl.dim}\, A_n(K) \leqq 2n,$$

$$\mathrm{l.gl.dim}\, U(\mathfrak{g}) \leqq \dim \mathfrak{g}, \qquad \mathrm{r.gl.dim}\, U(\mathfrak{g}) \leqq \dim \mathfrak{g}.$$

なお実際には，

$$\mathrm{l.gl.dim}\, A_n(K) = \mathrm{r.gl.dim}\, A_n(K) = n,$$

$$\mathrm{l.gl.dim}\, U(\mathfrak{g}) = \mathrm{r.gl.dim}\, U(\mathfrak{g}) = \dim \mathfrak{g}$$

となる(後述の例3.45，定理3.56を参照).

以下 (A, F) をフィルター環であって $\mathrm{gr}\, A$ が(可換な)純次元 n の正則環であるようなものとする.

このとき命題3.16により A はNoether環である．また定理3.42により，

$$\mathrm{l.gl.dim}\, A \leqq n, \qquad \mathrm{r.gl.dim}\, A \leqq n.$$

系2.40により，M が非零な有限生成 A 加群ならば $\mathrm{Ext}^i_A(M, A) \neq 0$ なる i が存在する．同様に，N が非零な有限生成 $\mathrm{gr}\, A$ 加群ならば $\mathrm{Ext}^i_{\mathrm{gr}\, A}(N, \mathrm{gr}\, A) \neq 0$ なる i が存在する．そこで

$$cd_A(M) = \min\{i \mid \mathrm{Ext}^i_A(M, A) \neq 0\},$$
$$cd_{\mathrm{gr}\, A}(N) = \min\{i \mid \mathrm{Ext}^i_{\mathrm{gr}\, A}(N, \mathrm{gr}\, A) \neq 0\}$$

とおく.

命題3.43　M を非零な A 加群，F をそのよいフィルターとする.

(i)　各 i に対して，右 A 加群 $\mathrm{Ext}^i_A(M, A)$ のよいフィルター F が定まり，$\mathrm{gr}\, A$ 加群 $\mathrm{gr}^F \mathrm{Ext}^i_A(M, A)$ は $\mathrm{Ext}^i_{\mathrm{gr}\, A}(\mathrm{gr}^F M, \mathrm{gr}\, A)$ の部分商になる.

(ii)　$\mathrm{gr}^F \mathrm{Ext}^{cd_A(M)}_A(M, A)$ は $\mathrm{Ext}^{cd_A(M)}_{\mathrm{gr}\, A}(\mathrm{gr}^F M, \mathrm{gr}\, A)$ の部分 $\mathrm{gr}\, A$ 加群である.

(iii)　$cd_A(M) = cd_{\mathrm{gr}\, A}(\mathrm{gr}^F M)$.

(iv)　$cd_A(\mathrm{Ext}^i_A(M, A)) \geqq i$.

(v)　$cd_A(\mathrm{Ext}^{cd_A(M)}_A(M, A)) = cd_A(M)$.

[証明]　(M, F) のフィルター自由分解 $\epsilon\colon (W^\bullet, F) \to (M, F)$ をひとつ選ぶ．このとき $\mathrm{Hom}_A(W^{-\bullet}, A)$ は右 A 加群のフィルター複体になる．これに命題3.17(ii)(の右加群版)を適用すると，$\mathrm{gr}\, A$ 加群の複体の族 $\{X(r)^\bullet\}_{r=0}^\infty$ であって次をみたすものが得られる.

(a)　$X(0)^\bullet = \mathrm{gr}^F \mathrm{Hom}_A(W^{-\bullet}, A)$.

(b)　$H^i(X(r)^\bullet) \simeq X(r+1)^i$.

(c)　$r \gg 0$ ならば $X(r)^i \simeq \mathrm{gr}^F H^i(\mathrm{Hom}_A(W^{-\bullet}, A))$.

補題3.41により $\mathrm{gr}^F \mathrm{Hom}_A(W^{-\bullet}, A) \simeq \mathrm{Hom}_{\mathrm{gr}\, A}(\mathrm{gr}^F W^{-\bullet}, \mathrm{gr}\, A)$ であるが，$\mathrm{gr}^F W^\bullet \to \mathrm{gr}^F M$ は $\mathrm{gr}\, A$ 加群 $\mathrm{gr}^F M$ の自由分解なので，

$$X(1)^i = H^i(\mathrm{gr}^F \mathrm{Hom}_A(W^{-\bullet}, A)) \simeq \mathrm{Ext}^i_{\mathrm{gr}\,A}(\mathrm{gr}^F M, \mathrm{gr}\,A).$$

また定義から,

$$\mathrm{gr}^F H^i(\mathrm{Hom}_A(W^{-\bullet}, A)) \simeq \mathrm{gr}^F \mathrm{Ext}^i_A(M, A).$$

よって $\mathrm{gr}^F \mathrm{Ext}^i_A(M,A)$ は $\mathrm{Ext}^i_{\mathrm{gr}\,A}(\mathrm{gr}^F M, \mathrm{gr}\,A)$ の部分商になる. (i) が示された.

$s = cd_{\mathrm{gr}\,A}(\mathrm{gr}^F M)$ とおく.

命題 3.27 により, $cd_{\mathrm{gr}\,A}(X(1)^i) \geqq i$ $(i \geqq s)$, $cd_{\mathrm{gr}\,A}(X(1)^s) = s$ が成り立つ. よって系 3.28 により, $r \geqq 1$ のとき, $cd_{\mathrm{gr}\,A}(X(r)^i) \geqq i$ $(i \geqq s)$ が成立する. $X(r+1)^s = \mathrm{Ker}(X(r)^s \to X(r)^{s+1})$ なので, 系 3.28 により, 任意の r に対して $cd_{\mathrm{gr}\,A}(X(r)^s) = s$. よって $cd_{\mathrm{gr}\,A}(\mathrm{gr}^F \mathrm{Ext}^s_A(M, A)) = s$. 特に $\mathrm{Ext}^s_A(M, A) \neq 0$. また $i < s$, $r \geqq 2$ のときは $X(r)^i = 0$ なので, $\mathrm{gr}^F \mathrm{Ext}^i_A(M, A) = 0$. よって $\mathrm{Ext}^i_A(M, A) = 0$. したがって $cd_A(M) = s$. (iii) が示された.

定義から $i < s$ のときは $X(1)^i = 0$. よって $r \geqq 1$ のとき, $X(r)^i = 0$. したがって $X(r+1)^s = \mathrm{Ker}(X(r)^s \to X(r)^{s+1})$ なので, $X(r+1)^s$ は $X(r)^s$ の部分 $\mathrm{gr}\,A$ 加群である. したがって (ii) が示された.

(iii) により

$$cd_A(\mathrm{Ext}^s_A(M, A)) = cd_{\mathrm{gr}\,A}(\mathrm{gr}^F \mathrm{Ext}^s_A(M, A)) = s.$$

(v) が示された.

また (iii) と系 3.28 により

$$\begin{aligned} cd_A(\mathrm{Ext}^i_A(M, A)) &= cd_{\mathrm{gr}\,A}(\mathrm{gr}^F \mathrm{Ext}^i_A(M, A)) \\ &\geqq cd_{\mathrm{gr}\,A}(\mathrm{Ext}^i_{\mathrm{gr}\,A}(\mathrm{gr}^F M, \mathrm{gr}\,A)) \geqq i. \end{aligned}$$

(iv) が示された. ∎

定理 3.44

$$\begin{aligned} \mathrm{l.gl.\,dim}\, A &= \mathrm{r.gl.\,dim}\, A \\ &= n - \min\{d_{\mathrm{gr}\,A}(\mathrm{gr}^F M) \mid (M, F) \text{ は非零なよいフィルター } A \text{ 加群}\}. \end{aligned}$$

［証明］ $\mathrm{l.gl.\,dim}\, A = k$ とし, $\mathrm{Ext}^k_A(M, A) \neq 0$ なる有限生成 A 加群 M をとる. このとき命題 3.43(iv) により, 有限生成右 A 加群 $N = \mathrm{Ext}^k_A(M, A)$ に関して $cd_A(N) \geqq k$. また N' を非零な有限生成右 A 加群とすると, 定義から

$cd_A(N') \leqq \mathrm{r.gl.dim}\, A$. よって

$$\mathrm{l.gl.dim}\, A \leqq \max\{cd_A(N) \mid N \text{ は非零有限生成右 } A \text{ 加群}\} \leqq \mathrm{r.gl.dim}\, A.$$

まったく同様に

$$\mathrm{r.gl.dim}\, A \leqq \max\{cd_A(M) \mid M \text{ は非零有限生成 } A \text{ 加群}\} \leqq \mathrm{l.gl.dim}\, A.$$

よって

$$\mathrm{l.gl.dim}\, A = \mathrm{r.gl.dim}\, A = \max\{cd_A(M) \mid M \text{ は非零有限生成 } A \text{ 加群}\}.$$

また命題 3.43(iii) と命題 3.27(ii) により

$$\max\{cd_A(M) \mid M \text{ は非零有限生成 } A \text{ 加群}\}$$
$$= n - \min\{d_{\mathrm{gr}\, A}(\mathrm{gr}^F M) \mid (M, F) \text{ は非零なよいフィルター } A \text{ 加群}\}.$$ ■

例 3.45　$\mathfrak{g}$ を体 K 上の有限次元 Lie 代数，$U(\mathfrak{g})$ をその包絡代数とする．このとき K は $av=0$ $(a \in \mathfrak{g}, v \in K)$ により $U(\mathfrak{g})$ 加群になる．また K のフィルター F が $F_{-1}K=0$, $F_0K=K$ により定まり，$\mathrm{gr}^F K=K$, $d_{S(\mathfrak{g})}(K)=0$. よって定理 3.44 により

$$\mathrm{l.gl.dim}\, U(\mathfrak{g}) = \mathrm{r.gl.dim}\, U(\mathfrak{g}) = \dim_K \mathfrak{g}$$

が成り立つ．□

以下しばらく環 A と環 $\mathrm{gr}\, A$ で共通に成立する性質について述べるので，両方を表す記号として B を用いる．すなわち $B=A$ または $B=\mathrm{gr}\, A$ とする．

補題 3.46　有限生成 B 加群の短完全列 $0 \to M_1 \to M_2 \to M_3 \to 0$ があるとき，

$$cd_B(M_2) = \min\{cd_B(M_1),\ cd_B(M_3)\}$$

が成立する．

[証明]　$B=\mathrm{gr}\, A$ のときは既に系 3.28 において証明済みである．$B=A$ とする．M_2 のよいフィルター F をひとつ選び，それから定まる M_1, M_2 のフィルターを共に F で表す．このとき，

$$0 \to \mathrm{gr}^F M_1 \to \mathrm{gr}^F M_2 \to \mathrm{gr}^F M_3 \to 0$$

は有限生成 $\mathrm{gr}\, A$ 加群の完全列になる．よって主張は命題 3.43(iii) から明らか．■

M を有限生成 B 加群とする．定理 2.39 により，M の部分 B 加群からなる減少列

$$M = \Gamma_0 M \supset \Gamma_1 M \supset \cdots \supset \Gamma_{n+1} M = 0$$

と，B 加群の族 E_r^{pq} $(r \geqq 2,\ p, q \in \mathbb{Z})$，および B 加群の準同型写像の族 d_r^{pq}: $E_r^{pq} \to E_r^{p+r, q+r-1}$ $(r \geqq 2,\ p, q \in \mathbb{Z})$ があって，次が成立する．

(i)　$E_r^{pq} = 0 \qquad (p < 0$ または $q < 0)$,

(ii)　$E_2^{pq} = \mathrm{Ext}_B^p(\mathrm{Ext}_B^q(M, B), B)$,

(iii)　$d_r^{p+r, q+r-1} \circ d_r^{pq} = 0$,

(iv)　$E_{r+1}^{pq} = H(E_r^{p-r, q-r+1} \to E_r^{pq} \to E_r^{p+r, q+r-1})$,

(v)　$E_r^{pp} \simeq \Gamma_p M / \Gamma_{p+1} M \qquad (r \gg 0)$,

(vi)　$E_r^{pq} = 0 \qquad (p \neq q,\ r \gg 0)$.

補題 3.47　M を有限生成 B 加群とする．

(i)　$\Gamma_p M / \Gamma_{p+1} M$ は $\mathrm{Ext}_B^p(\mathrm{Ext}_B^p(M, B), B)$ の部分 B 加群に同型である．

(ii)　$m > cd_B(M)$ とするとき，

$$cd_B(\mathrm{Ext}_B^m(\mathrm{Ext}_B^{cd_B(M)}(M, B), B)) \geqq m + 2.$$

［証明］　(i) 命題 3.27 と命題 3.43 により，$E_2^{pq} = 0$ $(p < q)$ が成立する．よって任意の $r \geqq 2$ に対して $E_r^{pq} = 0$ $(p < q)$ である．したがって

$$E_{r+1}^{pp} = \mathrm{Ker}(E_r^{pp} \to E_r^{p+r, p+r-1})$$

となる．特に E_{r+1}^{pp} は E_r^{pp} の部分 B 加群と同型である．$r \gg 0$ のとき $E_r^{pp} = \Gamma_p M / \Gamma_{p+1} M$ となるので，$\Gamma_p M / \Gamma_{p+1} M$ は $E_2^{pp} = \mathrm{Ext}_B^p(\mathrm{Ext}_B^p(M, B), B)$ の部分 B 加群に同型である．

(ii)　$s = cd_B(M)$ とおく．$i < s$ とすると $\mathrm{Ext}_B^i(M, B) = 0$ なので，任意の m に対して $E_2^{mi} = 0$．よって $E_r^{mi} = 0$ $(i < s)$．したがって

$$E_{r+1}^{ms} = \mathrm{Ker}(E_r^{ms} \to E_r^{m+r, s+r-1})$$

である．よって E_r^{ms} / E_{r+1}^{ms} は $\mathrm{Ext}_B^{m+r}(\mathrm{Ext}_B^{s+r-1}(M, B), B)$ の部分商に同型である．したがって補題 3.46 により任意の $r \geqq 2$ に対して

$$cd_B(E_r^{ms} / E_{r+1}^{ms}) \geqq cd_B(\mathrm{Ext}_B^{m+r}(\mathrm{Ext}_B^{s+r-1}(M, B), B)) \geqq m + 2.$$

$m > s$ とすると，十分大きな r に対して $E_r^{ms} = 0$ なので，再び補題 3.46 により，

$$cd_B(\mathrm{Ext}_B^m(\mathrm{Ext}_B^s(M, B), B)) = cd_B(E_2^{ms}) \geqq m + 2.$$

(ii) も示された．　■

M を有限生成 B 加群とする．$s \geqq 0$ であって，M の任意の部分 B 加群 $N \neq 0$ に対して $cd_B(N)=s$ となるものが存在するとき，M は斉次数 s をもつ B 加群であるという．

$M \neq 0$ が斉次数 s をもてば $s = cd_B(M)$ でなければならない．

補題 3.48　M を非零な有限生成 B 加群とすると，$\mathrm{Ext}_B^{cd_B(M)}(M,B)$ は斉次数 $cd_B(M)$ をもつ．

［証明］　$N = \mathrm{Ext}_B^{cd_B(M)}(M,B)$ とおく．命題 3.27 および命題 3.43 により，$cd_B(M) = cd_B(N)$ が成立する．N の非零な部分 B 加群 N' であって，$t = cd_B(N') > cd_B(M)$ をみたすものが存在するとする．完全列

$$\mathrm{Ext}_B^t(N,B) \to \mathrm{Ext}_B^t(N',B) \to \mathrm{Ext}_B^{t+1}(N/N',B)$$

において，$cd_B(\mathrm{Ext}_B^{t+1}(N/N',B)) \geqq t+1$．

また補題 3.47(ii) により，$cd_B(\mathrm{Ext}_B^t(N,B)) \geqq t+1$．よって上の完全列と補題 3.46 により $cd_B(\mathrm{Ext}_B^t(N',B)) \geqq t+1$．これは $cd_B(\mathrm{Ext}_B^{cd_B(N')}(N',B)) = cd_B(N')$ に矛盾する．∎

補題 3.49　M を有限生成 B 加群とすると，$\mathrm{Ext}_B^p(\mathrm{Ext}_B^p(M,B),B)$ は斉次数 p をもつ．

［証明］　$N = \mathrm{Ext}_B^p(M,B)$ とおく．もしも $\mathrm{Ext}_B^p(N,B)=0$ なら明らか．そこで $\mathrm{Ext}_B^p(N,B) \neq 0$ とすると，$cd_B(N) = cd_B(\mathrm{Ext}_B^p(M,B)) \geqq p$ なので，結局 $cd_B(N) = p$ となる．したがって N に補題 3.48（の右加群版）を適用すればよい．∎

命題 3.50　M を有限生成 B 加群とする．

(i)　$\Gamma_p M/\Gamma_{p+1} M$ は斉次数 p をもつ．

(ii)　$\Gamma_p M$ は，M の部分 B 加群 N であって $cd_B(N) \geqq p$ をみたすもののうちで最大のものである．

(iii)　M が斉次数 s をもつための必要十分条件は $\Gamma_p M/\Gamma_{p+1} M = 0$ $(p \neq s)$ となることである．

［証明］　(i)　補題 3.49 と補題 3.47 より明らか．

(ii)　(i) と補題 3.46 により，$cd_B(\Gamma_p M) \geqq p$ が成り立つ．よって，N を M の部分 B 加群であって $cd_B(N) \geqq p$ をみたすものとするとき，$N \subset \Gamma_p M$

を示せばよい．p に関する帰納法を用いる．$p=0$ なら明らか．$p>0$ とする．帰納法の仮定により $N \subset \Gamma_{p-1}M$ である．そこで

$$\overline{N} = N/(N \cap \Gamma_p M) = (N+\Gamma_p M)/\Gamma_p M \subset \Gamma_{p-1}M/\Gamma_p M$$

とおくとき，$cd_B(\overline{N}) \geqq cd_B(N) \geqq p$ である．$\overline{N} \neq 0$ とすると (i) により，$cd_B(\overline{N}) = p-1$ となり矛盾．したがって $\overline{N}=0$．すなわち $N \subset \Gamma_p M$．

(iii)　$\Gamma_p M/\Gamma_{p+1}M = 0$ $(p \neq s)$ とすると，$M = \Gamma_s M/\Gamma_{s+1}M$ である．よって (i) により，M は斉次数 s をもつ．逆に M が斉次数 s をもつとする．このとき (ii) により $\Gamma_s M = M$，$\Gamma_{s+1}M = 0$ が分かる．よって明らか． ∎

定理 3.51　(A, F) をフィルター環であって $\mathrm{gr}\,A$ が(可換な)純次元 n の正則環であるようなものとする．また M を有限生成 A 加群であって斉次数 s をもつものとする．このとき，M のよいフィルター F であって $\mathrm{gr}^F M$ が斉次数 s をもつ $\mathrm{gr}\,A$ 加群となるようなものが存在する．

[証明]　$M=0$ なら明らかなので $M \neq 0$ とする．このとき $s = cd_A(M)$ である．右 A 加群 N を $N = \mathrm{Ext}^s_A(M, A)$ により定め，そのよいフィルター F をひとつ選ぶ．命題 3.43(i) により，A 加群 $\mathrm{Ext}^s_A(N, A)$ のよいフィルター F が定まる．$cd_A(N) = s$ なので，命題 3.43(ii) により，$\mathrm{gr}^F \mathrm{Ext}^s_A(N, A)$ は $\mathrm{Ext}^s_{\mathrm{gr}\,A}(\mathrm{gr}^F N, \mathrm{gr}\,A)$ の部分 $\mathrm{gr}\,A$ 加群になる．また仮定により，

$$M = \Gamma_s M/\Gamma_{s+1}M \subset \mathrm{Ext}^s_A(\mathrm{Ext}^s_A(M, A), A) = \mathrm{Ext}^s_A(N, A)$$

である．$\mathrm{Ext}^s_A(N, A)$ のフィルター F から定まる M のフィルターを F とするとき，$\mathrm{gr}^F M \subset \mathrm{gr}^F \mathrm{Ext}^s_A(N, A)$ となる．よって $\mathrm{gr}^F M$ は $\mathrm{Ext}^s_{\mathrm{gr}\,A}(\mathrm{gr}^F N, \mathrm{gr}\,A)$ の部分 $\mathrm{gr}\,A$ 加群と同型である．ところが $cd_{\mathrm{gr}\,A}(\mathrm{gr}^F N) = cd_A(N) = s$ なので，補題 3.48 により，$\mathrm{Ext}^s_{\mathrm{gr}\,A}(\mathrm{gr}^F N, \mathrm{gr}\,A)$ は斉次数 s をもつ．よってその部分 $\mathrm{gr}\,A$ 加群 $\mathrm{gr}^F M$ も斉次数 s をもつ． ∎

定理 3.52 (柏原–Gabber の純次元性定理)　(A, F) をフィルター環であって $\mathrm{gr}\,A$ が(可換な)純次元 n の正則環であるようなものとする．また M を既約 A 加群とする．このとき，$\mathfrak{p} \in \mathrm{SS}(M)$ に対する $\dim(\mathrm{gr}\,A)/\mathfrak{p}$ は，$\mathfrak{p}$ の選び方によらずに一定である．

[証明]　M の既約性から $\Gamma_p M/\Gamma_{p+1}M = 0$ $(p \neq s)$ となる s が存在する．このとき，命題 3.50 により M は斉次数 s をもつ．よって定理 3.51 により，

M のよいフィルター F であって $\mathrm{gr}^F M$ が斉次数 s をもつ $\mathrm{gr}\, A$ 加群になるようなものが存在する．$\mathfrak{p} \in \mathrm{SS}(M) = \mathrm{Supp}_0(\mathrm{gr}^F M)$ とすると，可換環論で周知の結果から(堀田[5]を参照)，$(\mathrm{gr}\, A)/\mathfrak{p}$ は $\mathrm{gr}^F M$ の部分 $\mathrm{gr}\, A$ 加群と同型である．$\mathrm{gr}^F M$ が斉次数 s をもつので，$cd_{\mathrm{gr}\, A}((\mathrm{gr}\, A)/\mathfrak{p}) = s$．したがって $\dim(\mathrm{gr}\, A)/\mathfrak{p} = d_{\mathrm{gr}\, A}((\mathrm{gr}\, A)/\mathfrak{p}) = n - s$． ∎

§3.8　幾何の言葉では

代数幾何の言葉に不慣れな読者のために，代数多様体についてごく簡単に説明をしておこう．

簡単のため基礎体として複素数体 $\mathbb{C}$ をとる．n 変数の多項式環 $\mathbb{C}[x_1, \cdots, x_n]$ を $\mathbb{C}[x]$ で表す．多項式 $f \in \mathbb{C}[x]$ は自然に $\mathbb{C}^n$ 上の関数とみなせる．有限個の多項式 $f_1, \cdots, f_k \in \mathbb{C}[x]$ の共通零点集合

$$V(f_1, \cdots, f_k) = \{a \in \mathbb{C}^n \mid f_i(a) = 0 \ (i = 1, \cdots, k)\}$$

として書ける $\mathbb{C}^n$ の部分集合 $V = V(f_1, \cdots, f_k)$ のことを，($\mathbb{C}^n$ に含まれる)**代数多様体**(algebraic variety)という．$f_1, \cdots, f_k \in \mathbb{C}[x]$ の生成するイデアルを I とするとき，V はイデアル I の共通零点集合

$$V(I) = \{a \in \mathbb{C}^n \mid f(a) = 0 \ (f \in I)\}$$

とも一致する．$\mathbb{C}[x]$ は Noether 環なので任意のイデアルは有限生成である．したがって代数多様体とは，$\mathbb{C}[x]$ のイデアルの共通零点集合のことに他ならない．

$\mathbb{C}^n$ に含まれる代数多様体 V に対して

$$\mathcal{I}(V) = \{f \in \mathbb{C}[x] \mid f|V = 0\}$$

により，$\mathbb{C}[x]$ のイデアル $J = \mathcal{I}(V)$ が定まる．これを V の定義イデアルという．またこのとき剰余環 $R_V = \mathbb{C}[x]/J$ を V の座標環と呼ぶ．R_V は V 上の関数であって多項式の制限として得られるもの全体のなす可換な $\mathbb{C}$ 代数と自然に同型である．$a \in V$ に対して R_V の極大イデアル $\mathfrak{m}_a$ が

$$\mathfrak{m}_a = \{f \in R_V \mid f(a) = 0\}$$

により定まり，これにより V は集合として R_V の極大イデアルの集合と1対

1 に対応する．したがって $\mathbb{C}^n$ に含まれる代数多様体 V と $\mathbb{C}^m$ に含まれる代数多様体 W に対して，R_V と R_W が環として同型ならば V と W は点集合として 1 対 1 に対応する．

注意 3.53　V と W は単に点集合として 1 対 1 に対応するだけでなく，"環付き空間"として同型になる．ここでは環付き空間の定義は端折るが，正式には，環付き空間であって，ある n に対する $\mathbb{C}^n$ に含まれる代数多様体と同型なもののことを，($\mathbb{C}$ 上の)アフィン代数多様体と呼ぶ．また，アフィン代数多様体を "貼りあわせて"できる環付き空間のことを代数多様体と呼ぶ．ただし本書では，$\mathbb{C}^n$ に埋め込まれたアフィン代数多様体しか扱わないので，これを単に代数多様体と呼ぶことにする．

一般に $\mathbb{C}[x]$ のイデアル I に対して

$$\mathcal{I}(V(I)) = \sqrt{I}$$

が成立する(Hilbert の零点定理)．よって次の 1 対 1 対応がある．

$$\begin{aligned}&\{\mathbb{C}^n \text{ に含まれる代数多様体}\}\\ &\quad \simeq \{\mathbb{C}[x] \text{ のイデアル } I \text{ であって } I = \sqrt{I} \text{ をみたすもの}\}.\end{aligned}$$

これにより，イデアルの環論的性質と代数多様体の幾何学的性質とが対応する．

例えば，$\mathcal{I}(V)$ が素イデアルになるような(すなわち R_V が整域になるような)代数多様体 V を既約であるというが，これは幾何学的には，V が 2 つの代数多様体 W_1, W_2 の和集合になるとき，W_1, W_2 の一方が V と一致するということに他ならない．一般の代数多様体 V に対して $\mathcal{I}(V)$ を含む素イデアル全体の集合の極小元の集合を $\{\mathfrak{p}_1, \cdots, \mathfrak{p}_m\}$ とし，$W_i = V(\mathfrak{p}_i)$ とおくとき，$\{W_1, \cdots, W_m\}$ は V に含まれる既約代数多様体の集合の極大元の集合で，

$$V = W_1 \cup \cdots \cup W_m$$

が成立する．これを V の既約分解という．また各 W_i を V の既約成分という．

V を既約な代数多様体とする．$a \in V$ に対して V の a における接空間 T_aV を

$$T_aV=\left\{x=(x_1,\cdots,x_n)\in\mathbb{C}^n\ \middle|\ \sum_{i=1}^n x_i\frac{\partial f}{\partial x_i}(a)=0\ (f\in\mathcal{I}(V))\right\}$$

で定める．これは $\mathbb{C}^n$ の部分ベクトル空間になる．また $\mathcal{I}(V)$ が $f_1,\cdots,f_m$ で生成されているとき，

$$T_aV=\left\{x=(x_1,\cdots,x_n)\in\mathbb{C}^n\ \middle|\ \sum_{i=1}^n x_i\frac{\partial f_k}{\partial x_i}(a)=0\ (k=1,\cdots,m)\right\}$$

が成立する．$r=\min\{\dim_{\mathbb{C}}T_aV\mid a\in V\}$ とし，

$$V_{\mathrm{reg}}=\{a\in V\mid \dim_{\mathbb{C}}T_aV=r\},\qquad V_{\mathrm{sing}}=V\setminus V_{\mathrm{reg}}$$

とおくとき，V_{reg} は($\mathbb{C}^n$ の通常の位相に関して) V の稠密な開部分集合で，r 次元の連結な複素多様体である．また V_{sing} は次元が r より小さい複素多様体有限個の和集合になる．V_{reg} の複素多様体としての次元 r を既約代数多様体 V の次元という．また V が既約とは限らない代数多様体のときは，その既約成分の次元の最大値を V の次元といい $\dim V$ で表す．これは環論的には，座標環 R_V の Krull 次元と一致する．

さて，我々はこの章で，(非可換な)フィルター環 (A,F) であって $\mathrm{gr}\,A$ が可換な Noether 環になるものについて考えてきた．特に，有限生成 A 加群 M に対して，その特異台 $\mathrm{SS}(M)\subset\{\mathrm{gr}\,A$ の素イデアル$\}$ および特性イデアル $J_M=\bigcap_{\mathfrak{p}\in\mathrm{SS}(M)}\mathfrak{p}\subset\mathrm{gr}\,A$ について考察を行ってきた．

以下，簡単のために，A が $\mathbb{C}$ 代数で，$\mathrm{gr}\,A$ が n 変数の多項式環 $\mathbb{C}[x]$ になっている場合を考えることにしよう．この章の始めにあげた Weyl 代数 $A_m(\mathbb{C})$ $(n=2m)$ や $\mathbb{C}$ 上の Lie 代数 $\mathfrak{g}$ の包絡代数 $U(\mathfrak{g})$ $(n=\dim_{\mathbb{C}}\mathfrak{g})$ はこの条件をみたしている．

有限生成 A 加群 M に対して $\mathrm{Ch}(M)=V(J_M)$ とおき，これを M の**特性多様体**(characteristic variety)と呼ぶ．$\mathrm{Ch}(M)$ の既約分解は

$$\mathrm{Ch}(M)=\bigcup_{\mathfrak{p}\in\mathrm{SS}(M)}V(\mathfrak{p})$$

により与えられる．$\mathrm{SS}(M)$ や J_M に関する環論的事実の多くは，$\mathrm{Ch}(M)$ に関する幾何学的言葉で言い直すことができる．

例えば，柏原–Gabber の純次元性定理(定理 3.52)は，M が既約 A 加群ならば，$\mathrm{Ch}(M)$ の既約成分はすべて同じ次元をもつということを言っている．

また定理 3.44 により，

$$\begin{aligned}\mathrm{l.gl.dim}\,A &= \mathrm{r.gl.dim}\,A\\ &= n-\min\{\dim\mathrm{Ch}(M)\mid M\in\mathrm{Mod}^f(A),\ M\neq 0\}\end{aligned}$$

が成り立つ．

以下，$A=A_m(\mathbb{C})$ の場合に Gabber の包合性定理(定理 3.32)の幾何学的意味について論じる．

$\mathrm{gr}\,A_m(\mathbb{C})$ は $2m$ 変数の多項式環 $\mathbb{C}[x,\xi]=\mathbb{C}[x_1,\cdots,x_m,\xi_1,\cdots,\xi_m]$ と同一視される(§3.1)．対応する $\mathbb{C}^{2m}$ の座標を，$(x,\xi)=(x_1,\cdots,x_m,\xi_1,\cdots,\xi_m)$ で表す．$\mathbb{C}$ 上のベクトル空間 $\mathbb{C}^{2m}$ 上の非退化反対称双線形形式 E を

$$E((x,\xi),(x',\xi'))=\sum_{i=1}^{m}(-x_i\xi_i'+\xi_i x_i')$$

により定める．$\mathbb{C}^{2m}$ の部分空間 T に対して

$$T^\perp=\{(x,\xi)\in\mathbb{C}^{2m}\mid E((x,\xi),T)=\{0\}\}$$

とおく．

定理 3.54　$\mathfrak{p}$ を $\mathbb{C}[x,\xi]$ の素イデアル，$V=V(\mathfrak{p})$ を対応する代数多様体とする．このとき，$\mathfrak{p}$ が包合的であるための必要十分条件は，任意の $(a,\zeta)\in V$ に対して，$T_{(a,\zeta)}V^\perp\subset T_{(a,\zeta)}V$ が成り立つことである．またこの条件が成り立つとき，$\dim V\geqq m$ が成立する．

［証明］　$f\in\mathbb{C}[x,\xi]$ に対して，$\mathbb{C}^{2m}$ 上の $\mathbb{C}^{2m}$ 値関数 H_f を

$$H_f(x,\xi)=\left(\frac{\partial f}{\partial\xi_1},\cdots,\frac{\partial f}{\partial\xi_m},-\frac{\partial f}{\partial x_1},\cdots,-\frac{\partial f}{\partial x_m}\right)$$

により定める(Hamilton ベクトル場)．このとき，例題 3.31 により

$$E(H_f(x,\xi),H_g(x,\xi))=\{f,g\}\qquad(f,g\in\mathbb{C}[x,\xi])$$

が成り立つ．

$(a,\zeta)\in V$ のとき，H_f の定義から

$$T_{(a,\zeta)}V=\{(x,\xi)\mid E((x,\xi),H_f(a,\zeta))=0\ (f\in\mathfrak{p})\}$$

なので，$T_{(a,\zeta)}V^{\perp}=\sum_{f\in\mathfrak{p}}\mathbb{C}H_f(a,\zeta)$ が分かる．

$\mathcal{I}(V)=\mathfrak{p}$ なので，先ほどの注意により，$\mathfrak{p}$ が包合的であるための必要十分条件は，$E(H_f(a,\zeta),H_g(a,\zeta))=0$ が任意の $f,g\in\mathfrak{p}$ と任意の $(a,\zeta)\in V$ に対して成り立つことであるが，これは $E(T_{(a,\zeta)}V^{\perp},T_{(a,\zeta)}V^{\perp})=0$，すなわち，$T_{(a,\zeta)}V^{\perp}\subset T_{(a,\zeta)}V^{\perp\perp}\,(=T_{(a,\zeta)}V)$ と同値である．

また E は非退化なので，このとき

$$\dim T_{(a,\zeta)}V = 2m-\dim T_{(a,\zeta)}V^{\perp} \geqq 2m-\dim T_{(a,\zeta)}V \qquad ((a,\zeta)\in V).$$

よって $\dim T_{(a,\zeta)}V\geqq m$ $((a,\zeta)\in V)$．したがって $\dim V\geqq m$． ∎

特に，包合性定理から次が従う．

定理 3.55　M を有限生成 $A_m(\mathbb{C})$ 加群とするとき，$\mathrm{Ch}(M)$ の任意の既約成分 V に対して，$\dim V\geqq m$ が成立する． □

一般に有限生成 $A_m(\mathbb{C})$ 加群 M であって，$\dim\mathrm{Ch}(M)=m$ をみたすものをホロノミー $A_m(\mathbb{C})$ 加群と呼ぶ．例えば，

$$\mathrm{Ch}(\mathbb{C}[x])=\{(x,0)\mid x\in\mathbb{C}^m\}$$

なので，$\mathbb{C}[x]$ はホロノミー $A_m(\mathbb{C})$ 加群である．ホロノミー $A_m(\mathbb{C})$ 加群は微分方程式の代数的考察において特に重要な役割を果たす．定理 3.44，定理 3.55 およびホロノミー加群 $\mathbb{C}[x]$ の存在から次が従う．

定理 3.56

$$\mathrm{l.gl.dim}\,A_m(\mathbb{C}) \;=\; \mathrm{r.gl.dim}\,A_m(\mathbb{C}) \;=\; m\,.$$ □

《要約》

3.1　Weyl 代数とその性質．

3.2　Lie 代数，包絡代数，Poincaré–Birkhoff–Witt の定理．

3.3　フィルター環，フィルター加群，よいフィルター．

3.4　正則局所環．

3.5　特異台．

3.6　Poisson 積，Gabber の包合性定理．

3.7　柏原–Gabber の純次元性定理．

3.8　特性多様体.

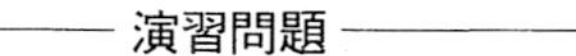

演習問題

3.1　$A_n(K)$ のイデアルは $A_n(K)$ と $\{0\}$ のみであることを示せ.

3.2　$A_n(K)$ の可逆元は K の可逆元のみであることを示せ.

3.3　$P, Q \in A_n(K)$ に関して $PQ = 0$ ならば，$P = 0$ または $Q = 0$ が成り立つことを示せ.

3.4　A を体 K 上有限次元の K 代数であって，整域になっているものとする. このとき，A の任意の非零元は可逆元であることを示せ.

3.5　A を環，F を A 加群とする. $a \in A$ に対して，A 加群 $M = A/Aa$ を考える. このとき，加群の同型

$$\mathrm{Hom}_A(M, F) \simeq \{f \in F \mid af = 0\}$$

が成り立つことを示せ.

3.6　$A = A_1(K)$ とし，$x_1, \partial_1 \in A$ をそれぞれ x, ∂ で表す.

(i)　∂ は K 代数 $K[x, x^{-1}]$ の導分に一意的に拡張できることを示せ. またこれにより，$K[x, x^{-1}]$ は自然に A 加群になることを示せ.

(ii)　剰余加群 $K[x, x^{-1}]/K[x]$ は，A 加群として，$M = A/Ax$ と同型であることを示せ.

(iii)　A 加群 $K[x]$, $K[x, x^{-1}]$, M の特性多様体を求めよ.

現代数学への展望

本書で述べたフィルター環上の加群の理論は，いわゆる D 加群の理論(線形微分方程式の代数理論)および Lie 代数の包絡代数の表現論などを動機として築かれたものである．と言うよりはむしろ，微分作用素環や包絡代数に関する個別の理論の発展のなかで，そのある部分は，当初考えられていた特別な状況のもとでのみ成り立つことではなく，実際にはもっと一般的な枠組みのもとで成り立つことが分かってきて，本書で述べたフィルター環の理論という形にまとまったと言うのが，より正確かもしれない．したがって，本来の目標は，やはり微分作用素環や包絡代数といった具体的な環上の加群の理論であり，一般論を展開するにしても，このような具体的な対象を視野に入れないままでの研究は，あり得ないことである．

そこでここでは，本文中では系統的に展開することのできなかった D 加群の理論について，その発展の様子を簡単に述べておこう．

「(線形微分方程式系)＝(D 加群)」という佐藤幹夫の哲学を具現する，本格的な D 加群の理論の展開は，柏原正樹の修士論文(1971 年)に始まる(本書で述べたフィルター環の理論のうちの包合性定理以外の部分は，実質的には，既にここの中に含まれている)．その後柏原を中心に河合隆裕らも協力して，この方向での精力的研究がなされたが，いわゆる Riemann–Hilbert 対応の確立(柏原および Z. Mebkhout)により，D 加群についての一般論は一応の完成をみたと言えるであろう．1980 年頃からは，その本来の目標であった微分方程式論のみならず，交叉ホモロジー論との関連や Lie 代数の表現論への重要な応用など，数学のいろいろな分野で D 加群の理論が有効であることが明らかになり，現代数学のひとつの花形としての地位を確立した．

著者は，D 加群の理論の Lie 代数の表現論への応用を中心に研究を行っているが，D 加群の理論が近づき難く思われているせいか，この方面の研究者が比較的少ないことは，残念に思う．

本書のひとつの目標は，フィルター環の理論を題材に，現代数学のいろいろな手法を広い範囲の読者に伝えることであるが，本書がさらに，D 加群などのより進んだ理論をこれから学ぼうとする意欲的な読者にとっての，助け船の役割も果たしてくれれば，さらなる幸いである．

参考文献

第1章は基本的な事項のみからなるので，特に文献をあげる必要もないのだが，非可換環の局所化を扱ったものとして，

[1] B. Stenström, Rings of Quotients, Springer-Verlag, 1975.

のみを挙げておく．第2章のホモロジー代数に関しては，

[2] H. Cartan and S. Eilenberg, Homological Algebra, Princeton University Press, 1956.

[3] S. MacLane, Homology, Springer-Verlag, 1967.

が古典的教科書である．その他に日本語で読めるものとして

[4] 河田敬義，ホモロジー代数 I, II（岩波講座基礎数学），岩波書店，1976/77.

がある．

第3章で援用した可換環論の事項については，

[5] 堀田良之，可換環と体，岩波書店，2006.

[6] 松村英之，可換環論，共立出版，1980.

等を参照されたい．

本書で述べた包合性定理の原論文は

[7] O. Gabber, The integrability of the characteristic variety, Amer. J. Math. 103(1981), 445–468.

である．また微分作用素環の場合の解析的証明は，

[8] M. Sato, T. Kawai, M. Kashiwara, Microfunctions and pseudodifferential equations, LNM 287, 265–529, Springer-Verlag 1973.

にある．

純次元性定理の証明は，柏原正樹の東京大学修士論文「偏微分方程式系の代数的研究」と

[9] J.-E. Björk, Analytic $\mathcal{D}$-modules and applications, Kluwer Academic Publishers, 1993.

を参考にした．なお柏原の修士論文も最近その英訳が出版された：

[10] M. Kashiwara, Algebraic study of systems of differential equations, Société Mathématique de France, Mémoires 63, 1995.

本書ではあまり深く述べることのできなかった D 加群の理論に関する，日本語で読める教科書として

[11] 谷崎俊之，堀田良之，D 加群と代数群，シュプリンガー・フェアラーク東京，1995.

がある．D 加群の理論の思想的背景は

[12] 木村達雄他，現代数学の広がり 2，岩波書店，2005.

の中の「佐藤幹夫の数学」を参照されたい．

演習問題解答

第1章

1.1　Zorn の補題を用いる．

1.2　I を極大イデアルとする．I を含む極大左イデアル J をとるとき，$M=A/J$ は既約 A 加群である．$I\subset \mathrm{Ann}_A(M)$ は明らか．$\mathrm{Ann}_A(M)$ は I を含む真のイデアルなので，$I=\mathrm{Ann}_A(M)$．また A を可換環とすると，既約 A 加群 M は $M=A/I$（I は A の極大イデアル）と書ける．このとき $\mathrm{Ann}_A(M)=I$．

1.4　M を既約 A 加群とする．$a,b\in A$ に関して，$aAb\in \mathrm{Ann}_A(M)$，$b\notin \mathrm{Ann}_A(M)$ とする．このとき $AbM\neq 0$ で M は既約なので，$AbM=M$．よって $aM=aAbM=0$．したがって $a\in \mathrm{Ann}_A(M)$．

1.5　(i)　I を A の素イデアルとする．A/I のイデアル $J\neq 0$ と $n>0$ に関して $J^n=0$ とする．$JJ^{n-1}=0$ なので $J\neq 0$ により，$J^{n-1}=0$．以下これを繰り返して，任意の $1\leqq k\leqq n$ に対して $J^k=0$．特に $J=0$ となり矛盾．

(ii)　$I=\bigcap_{\lambda\in\Lambda} I_\lambda$ とおき，$q\colon A\to A/I$，$p_\lambda\colon A/I\to A/I_\lambda$ を自然な準同型写像とする．J を A/I のイデアルで，$J^n=0$ なるものとする．このとき $p_\lambda(J)^n=0$．I_λ は反素イデアルなので，$p_\lambda(J)=0$．すなわち $q^{-1}(J)\subset I_\lambda$．よって $q^{-1}(J)\subset I$．すなわち $J=0$．

1.10　$a\in A$，$s\in S$ について $(\mathrm{ad}(s)^n)(a)=0$ とすると，

$$\sum_{k=0}^{n}\binom{n}{k}(-1)^{n-k}s^k a s^{n-k}=0.$$

このとき

$$t=s^n\in S,\qquad b=\sum_{k=0}^{n-1}\binom{n}{k}(-1)^{n-k+1}s^k a s^{n-1-k}\in A$$

に関して，$ta=bs$．また $as=0$ とすると $t=s^n\in S$ について $ta=0$．

1.11　${}^t u=(u_1,u_2,\cdots,u_n)\in N$ と $v={}^t(v_1,v_2,\cdots,v_n)\in M$ に対して，

$$\varphi\colon N\times M\to K\qquad \left(({}^t u,v)\mapsto {}^t uv=\sum_{i=0}^{n}u_i v_i\right)$$

は A 平衡写像なので，K 線形写像 $f\colon N\otimes_A M\to K$ が，$f({}^t u\otimes v)=\varphi({}^t u,v)$ により定まる．${}^t e=(1,0,\cdots,0)$ に関して，$f({}^t e\otimes e)=1$ なので，f は全射．よって

$\dim_K(N\otimes_A M)\leqq 1$ を示せばよい．したがって $N\otimes_A M=K{}^te\otimes e$ を示せばよい．${}^teA=N$ なので，

$$N\otimes_A M = \{{}^te\otimes m \mid m\in M\}.$$

したがって

$$B = \{a\in A \mid {}^tea \in K{}^te\}$$

に関して，$Be=M$ を示せばよい．これは行列の計算から容易に分かる．

第2章

2.1 $x\in \operatorname{Ker} m$ とする．$n\circ c^0(x)=c^1\circ m(x)=0$ であるが，n は同型写像なので，$c^0(x)=0$．よって $b^0(y)=x$ なる $y\in L^0$ が存在する．$b^1\circ l(y)=m(x)=0$ なので，$a^1(z)=l(y)$ をみたす $z\in K^1$ が存在する．k は同型写像なので，$k(u)=z$ なる $u\in K^0$ が定まる．$l(y-a^0(u))=0$ で l は同型写像なので $y=a^0(u)$．よって，$x=b^0\circ a^0(u)=0$．以上により m は単射．

$m\in M^1$ とする．n は同型写像なので，$c^1(x)=n(y)$ なる $y\in N^0$ が定まる．このとき $p\circ d^0(y)=d^1\circ c^1(x)=0$．$p$ は同型写像なので，$d^0(y)=0$．よって $c^0(z)=y$ なる $z\in M^0$ が存在する．$c^1(x-m(z))=c^1(x)-n(y)=0$ なので，$b^1(u)=x-m(z)$ なる $u\in L^1$ が存在する．l は同型写像なので，$l(v)=u$ なる $v\in L^0$ が存在する．このとき，

$$m(z+b^0(v)) = m(z)+b^1\circ l(v) = m(z)+x-m(z) = x.$$

よって m は全射である．

2.2 第1横列と第2横列が短完全列であるとする．n^1 と g^1 が全射なので，$g^2\circ m^1=n^1\circ g^1$ は全射．よって g^2 は全射．

$g^2\circ f^2\circ l^1=n^1\circ g^1\circ f^1=0$ だが，l^1 は全射なので，$g^2\circ f^2=0$．$x\in\operatorname{Ker} g^2$ とする．$m^1(y)=x$ なる $y\in M^1$ をとるとき，$n^1\circ g^1(y)=g^2(x)=0$ なので，$g^1(y)=n^0(z)$ なる $z\in N^0$ が定まる．$g^0(u)=z$ なる $z\in M^0$ に関して，$g^1(y-m^0(u))=0$．したがって，y を $y-m^0(u)$ に取り替えることにより，はじめから $g^1(y)=0$ としておいてよい．このとき $f^1(v)=y$ なる $v\in L^1$ に関して，$x=f^2\circ l^1(v)\in\operatorname{Im} f^2$．したがって $\operatorname{Ker} g^2=\operatorname{Im} f^2$．

$x\in\operatorname{Ker} f^2$ とする．$l^1(y)=x$ なる $y\in L^1$ に関して，$m^1\circ f^1(y)=0$．よって，$m^0(z)=f^1(y)$ なる $z\in M^0$ がとれる．$n^0\circ g^0(z)=g^1\circ f^1(y)=0$ であるが，n^0 は単射なので，$g^0(z)=0$．よって，$f^0(u)=z$ なる $u\in L^0$ が存在する．このとき

$f^1(y-l^0(u))=f^1(y)-m^0(z)=0$ であるが，f^1 は単射なので，$y=l^0(u)$. よって $x=l^1\circ l^0(u)=0$. したがって，f^2 は単射である．第2横列と第3横列の完全性から第1横列の完全性が導かれることも同様である．

2.3 δ が矛盾なく定まること：$y,y'\in M^0$ が $\psi_0(y)=\psi_0(y')=x$ をみたすとする．$\psi_0(y-y')=0$ なので，$\varphi_0(v)=y-y'$ なる $v\in L^0$ が取れる．$\varphi_1(z)=g(y)$，$\varphi_1(z')=g(y')$ をみたす $z,z'\in L^1$ をとる．このとき

$$\varphi_1\circ f(v)=g\circ\varphi_0(v)=g(y-y')=\varphi_1(z-z').$$

よって $z-z'=f(v)\in\operatorname{Im} f$. したがって $\overline{z}=\overline{z}'\in\operatorname{Cok} f$.

$\operatorname{Ker} f\to\operatorname{Ker} g\to\operatorname{Ker} h$ および $\operatorname{Cok} f\to\operatorname{Cok} g\to\operatorname{Cok} h$ の完全性は9項補題より従う．$\operatorname{Ker} g\to\operatorname{Ker} h\to\operatorname{Cok} f$ および $\operatorname{Ker} h\to\operatorname{Cok} f\to\operatorname{Cok} g$ の合成が零写像になることは，δ の定義から明らか．

$x\in\operatorname{Ker} h$ が $\delta(x)=0$ をみたすとする．$\psi_0(y)=x$，$\varphi_1(z)=g(y)$ となる $y\in M_0$，$z\in L^1$ をとる．仮定により，$z=f(u)$ をみたす $u\in L^0$ が存在する．このとき，$x=\psi_0(y)=\psi_0(y-\varphi_0(u))$ かつ $y-\varphi_0(u)\in\operatorname{Ker} g$. よって $\operatorname{Ker} g\to\operatorname{Ker} h\to\operatorname{Cok} f$ は完全列．

$\overline{z}\in\operatorname{Cok} f$ $(z\in L^1)$ に対して $\overline{\varphi_1(z)}=0\in\operatorname{Cok} g$ とする．$\varphi_1(z)=g(y)$ となる $y\in M_0$ が存在する．このとき $x=\psi_0(y)$ に関して，$h(x)=\psi_1\circ\varphi_1(z)=0$. よって $\delta(x)=\overline{z}$. したがって $\operatorname{Ker} h\to\operatorname{Cok} f\to\operatorname{Cok} g$ は完全列．

2.4 命題2.12から明らかであるが，定義から直接導くこともできる．

2.5 単因子論により，任意の有限生成 $\mathbb{Z}$ 加群 M は，自由分解 $0\to\mathbb{Z}^m\to\mathbb{Z}^n\to M\to 0$ をもつ．よって $\operatorname{l.gl.dim}\mathbb{Z}\leqq 1$. また $\mathbb{Z}/2\mathbb{Z}$ の自由分解 $0\to\mathbb{Z}\xrightarrow{2}\mathbb{Z}\to\mathbb{Z}/2\mathbb{Z}\to 0$ を用いて計算することにより $\operatorname{Ext}^1_{\mathbb{Z}}(\mathbb{Z}/2\mathbb{Z},\mathbb{Z})\simeq\mathbb{Z}/2\mathbb{Z}\neq 0$ がわかる．したがって $\operatorname{l.gl.dim}\mathbb{Z}=1$.

2.6 (E) が分裂短完全列ならば，

$$0\to\operatorname{Hom}_A(N,M)\to\operatorname{Hom}_A(L,M)\to\operatorname{Hom}_A(M,M)\to 0$$

は(分裂)短完全列．よって $\operatorname{ch}(E)=0$. $\operatorname{ch}(E)=0$ とすると，$h\in\operatorname{Hom}_A(L,M)$ であって $h\circ f=\mathrm{id}$ をみたすものが存在する．よって (E) は分裂する．

2.7 M を射影 A 加群とすると，M は自由 A 加群の直和因子になる．すなわち，自由 A 加群 F と A 加群 N が存在して，$F=M\oplus N$. 自由加群は平坦加群なので，任意の右 A 加群 L に対して，$\operatorname{Tor}^A_1(L,M)\oplus\operatorname{Tor}^A_1(L,N)=\operatorname{Tor}^A_1(L,F)=0$. よって $\operatorname{Tor}^A_1(L,M)=0$. したがって M は平坦加群．

第3章

3.1 $P=\sum_{\alpha,\beta} c_{\alpha\beta}x^{\alpha}\partial^{\beta}$ $(c_{\alpha\beta}\in K)$ を $A_n(K)$ の非零元とするとき，P の生成するイデアル I が単位元 1 を含むことを示せばよい．

まず次の一般的公式に注意する．

$$[\partial_i, x_i^a]=ax_i^{a-1}, \qquad [x_i, \partial_i^a]=-a\partial_i^{a-1}.$$

実際，$[\partial_i, x_i^a]=\partial_i(x_i^a)=ax_i^{a-1}$，また 2 番目の公式は最初のものに Fourier 変換を施して得られる．したがって $c_{\alpha\beta}\neq 0$ なる組 (α,β) のうちで $|\alpha|+|\beta|$ が最大になるものをひとつ選び，それを (γ,δ) とするとき，

$$\mathrm{ad}(x_1)^{\delta_1}\cdots\mathrm{ad}(x_n)^{\delta_n}\,\mathrm{ad}(\partial_1)^{\gamma_1}\cdots\mathrm{ad}(\partial_n)^{\gamma_n}(P)=(-1)^{|\delta|}\gamma!\,\delta!\,c_{\gamma\delta}\in I.$$

ただし $a\in A_n(K)$ に対して $\mathrm{ad}(a)\colon A_n(K)\to A_n(K)$ は，$\mathrm{ad}(a)(b)=[a,b]$ で定まる写像とする．K は標数 0 の体だったので，$1\in I$．

3.2 $P,Q\in A_n(K)$，$PQ=1$ とする．$P\in F_p\setminus F_{p-1}$，$Q\in F_q\setminus F_{q-1}$ なる最小の p,q をとる．$p+q>0$ とすると，$\sigma_p(P)\sigma_q(Q)=\sigma_{p+q}(PQ)=0$ であるが，多項式環 $K[x,\xi]$ は整域なので，$\sigma_p(P)=0$ または $\sigma_q(Q)=0$．これは p,q の最小性に反する．よって $p=q=0$．このとき，$P,Q\in K[x]$．$PQ=1$ により，$P,Q\in K$．

3.3 $P,Q\in A_n(K)\setminus\{0\}$ とする．$P\in F_p\setminus F_{p-1}$，$Q\in F_q\setminus F_{q-1}$ なる最小の p,q をとるとき，$\sigma_p(P)\neq 0$，$\sigma_q(Q)\neq 0$ である．$\mathrm{gr}\,A_n(K)$ は整域なので，$\sigma_{p+q}(PQ)=\sigma_p(P)\sigma_q(Q)\neq 0$．よって $PQ\neq 0$．

3.4 $a\in A\setminus\{0\}$ に対して，$R_a\colon A\to A$，$L_a\colon A\to A$ を $R_a(b)=ba$，$L_a(b)=ab$ により定める．A は整域なので R_a は単射である．ところが R_a は K 上の有限次元ベクトル空間 A の線形変換なので全単射である．まったく同様に L_a も全単射．したがって $ab=ca=1$ となる $b,c\in A$ が存在する．

3.5 自然な同型 $F\simeq\mathrm{Hom}_A(A,F)$ $(f\mapsto\varphi_f)$ が，$\varphi_f(a)=af$ により定まる．よって

$$\mathrm{Hom}_A(M,F)\simeq\{\varphi\in\mathrm{Hom}_A(A,F)\mid\varphi(a)=0\}\simeq\{f\in F\mid af=0\}.$$

3.6 (iii) $\mathrm{Ch}(K[x,x^{-1}]/K[x])=\mathrm{Ch}(K[x])\cup\mathrm{Ch}(M)$．$\mathrm{Ch}(K[x])=\{(x,0)\mid x\in K\}$．$\mathrm{Ch}(M)=\{(0,\xi)\mid\xi\in K\}$．

欧文索引

和文索引

ア 行

カ 行

サ 行

タ 行

ナ 行

ハ 行

マ 行

ヤ 行

ラ 行

■岩波オンデマンドブックス■

非可換環

2006年7月7日　第1刷発行
2016年12月13日　オンデマンド版発行

著　者　谷崎俊之（たにさきとしゆき）

発行者　岡本　厚

発行所　株式会社　岩波書店
〒101-8002　東京都千代田区一ツ橋2-5-5
電話案内　03-5210-4000
http://www.iwanami.co.jp/

印刷／製本・法令印刷

ISBN 978-4-00-730549-8　　Printed in Japan